Klaus W. Vopel

# Denken wie ein **Berg** fühlen wie ein *Fluß*

**Spiele und Experimente für eine respektvolle Einstellung zur Natur für 6- bis 12jährige**

Teil 1

**Lebendiges Lernen und Lehren**

Band 32

*iskopress*

Die Deutsche Bibliothek – CIP-Einheitsaufnahme

**Vopel, Klaus W.:**
Denken wie ein Berg, fühlen wie ein Fluß : Spiele und Experimente für eine respektvolle Einstellung zur Natur für 6- bis 12jährige / Klaus W. Vopel. –
Salzhausen : iskopress.

Teil 1. – 2. Aufl. – 1995
ISBN 3-89403-217-0

2. Auflage 1995


Umschlag: Mathias Hütter, Schwäbisch Gmünd
Satz und Layout: E. Velina
Druck: Runge, Cloppenburg

Für meinen Vater Harry Vopel, der,
aufgewachsen in Rothenburgsort,
mir seine Sehnsucht nach der Natur
übertrug.

## INHALT

## KAPITEL 2: DIE ELEMENTE

# Kleine Choreographie des Windes und der Wolken, der Drachen und Dinosaurier...

Sollten wir Kinder lehren, die Natur zu lieben? Die Kinder der Naturvölker erfahren unmittelbar die Bedürfnisse von Pflanzen und Tieren, die sie umgeben. Das können wir unseren Kindern nicht mehr bieten. Was können wir in unserer Situation tun, um die Entfremdung von der Natur zu mildern, die heute für uns so katastrophale Folgen hat? Wie können wir den Kindern Mut machen, eine Zukunftsperspektive zu entwickeln, in der Mensch und Natur wieder friedlicher koexistieren?

Wir müssen unsere Kinder erleben lassen, daß wir Erwachsenen selbst Respekt vor der Natur haben, daß wir Tiere und Pflanzen lieben können und bereit sind, auf die Stimmen der Elemente zu hören, auf die Stimmen des Wassers, der Erde, der Luft und des Feuers.

Unser Respekt vor der Natur kann sich zunächst auch darin zeigen, daß wir uns auf den natürlichen Lernstil der Kinder einlassen und uns die Zeit nehmen, mit ihnen spielend zu lernen.

Beobachten Sie ein kleines Kind, wenn es mit einem Hund spielt. Es wird selbst zum Hund, geht auf vier Beinen, bellt, ahmt nach, wie das Tier frißt. Kinder identifizieren sich mit Haut und Haaren mit Lebewesen und Dingen, die sie interessieren. Sie tun dies nicht nur mit dem Kopf und in der Phantasie, sondern ganz praktisch mit ihrem ganzen Körper. Als unsere Katzen ins Haus kamen, versuchte meine Tochter anfangs auch, ohne Benutzung der Hände zu essen...

In der Bereitschaft der kindlichen Phantasie, in Lebewesen und Dinge "hineinzuschlüpfen", steckt ein mächtiges Lernpotential, an das wir anknüpfen können. In "Denken wie ein Berg, fühlen wie ein Fluß" bietet Klaus W. Vopel vielfältige Gelegenheiten für Kinder, sich mit Tieren und Naturphänomenen zu identifizieren: Die Kinder schweben als Wolken durch den Raum, trommeln mit ihren Fingern im Rhythmus der Regentropfen auf den Boden, sie landen als Biene auf dem Rand einer honigträchtigen Blüte und lernen als das genesende Affenkind, wieder Arme und Beine bewegen. Das sind Elemente von Tanz und Theater, nicht abstraktes Lernen.

Das Lernen durch Bewegung kommt der natürlichen Bewegungslust der Kinder entgegen. Und bis zur Pubertät eignen sich Kinder viele Dinge dadurch an, daß sie sie mit dem Körper, in der Bewegung nachvollziehen. Das abstrakte Lernen entwickelt sich in den ersten Schuljahren erst ganz allmählich. Die traditionelle Didaktik verlegt sich immer noch zu früh auf die kognitiven Aspekte des Lernens. Die Folge sind gelangweilte Kinder und frustrierte Lehrer.

In "Denken wie ein Berg, fühlen wie ein Fluß" finden Sie keine naturwissenschaftlichen Ausführungen. Hier denkt die Biene sehr menschlich, und der Elefant hält eine Rede. Die Kinder lieben solche Szenen. Angeregt durch die Möglichkeit des aktiven Spiels sind die Kinder motiviert, viele Naturvorgänge tiefer zu ergründen.

In der Identifikation mit Tieren und Pflanzen können die Kinder der Natur wieder näherkommen, sie können wieder spüren, daß sie selber ein Teil der Natur sind. Natürlich brauchen wir die Kinder nicht zur Naturliebe zu erziehen. Das hieße, Eulen nach Athen tragen. Denn jedes Kind ist aus sich heraus naturliebend und naturverbunden. Unsere Aufgabe ist es vielmehr, der kindlichen Neigung zur Natur Erlebnis- und Ausdrucksmöglichkeiten zu geben. Das gilt besonders für all die Stadtkinder, die zwischen Asphalt und Beton aufwachsen. Sie zeigen uns ihre Sehnsucht nach der Natur durch große Sammlungen von Kuscheltieren, und durch ihre gesammelten elektronischen Medien von Walt Disney-Videos bis zu Benjamin-Blümchen-Kassetten. Wenn wir sie dagegen Katzen und Krokodile spielen lassen, Sonne und Regen, dann können sie vielleicht ähnliche Dinge erleben wie die Kinder der Naturvölker: eine vitale Verbindung mit der Erde. Und sie schöpfen vielleicht etwas Hoffnung, daß dieser Planet doch ein Platz sein kann, auf dem sie leben können.

Evelina Braun

Das wissen wir sicher.
Die Erde ist nicht gemacht für den Menschen,
der Mensch ist gemacht für die Erde.

Chief Seattle

# EINLEITUNG

## 1. Aspekte einer ökologischen Pädagogik

Dies soll ein praktisches Buch sein, und deshalb möchte ich versuchen, mich an dieser Stelle kurz zu fassen. Einige Gedanken sind mir jedoch so wichtig, daß ich sie im Umriß skizzieren möchte.

Wir hören immer häufiger, daß Schwierigkeiten und pathologische Reaktionsweisen auch bei kleineren Kindern zunehmen. Die Kinder sind aggressiv oder apathisch, unkonzentriert oder ängstlich, sie zeigen zu früh "erwachsene" Verhaltensmuster, in Belastungssituationen des Alltags haben sie wenig Ressourcen, auf die sie zurückgreifen können. Viele Kinder haben Angst vor der Zukunft, vor Arbeitslosigkeit und der ökologischen Krise, und sie suchen Ablenkung und Beruhigung bei Fernsehen und Computerspielen. Die Kinder lesen relativ wenig und die improvisierten Spiele mit Gleichaltrigen sind seltener geworden. Sicher geht ein Teil dieser hier nur angedeuteten Symptomatik auf die Schwierigkeiten in den Familien zurück und auf die Probleme der Erwachsenen, die keine attraktiven und wirksamen Identifikationsmöglichkeiten bieten.

Darüber hinaus spielt jedoch die ökologische Krise eine viel bedeutsamere Rolle, als Pädagogik und Psychotherapie bisher angenommen haben. Mit ökologischer Krise meine ich nicht nur die beobachtbaren Folgen von Luft- und Wasserverschmutzung, Waldsterben und der Ausrottung immer neuer Pflanzen- und Tierarten etc. In dem Wertekanon unserer Kultur dominieren bis heute Anschauungen, die dem Menschen den dominanten Platz in der Schöpfung zuweisen, die alle möglichen menschlichen Vorrechte begründen einschließlich des Rechtes auf Selbstverwirklichung und Selbstbestimmung. Die Konsequenz dieser einseitigen, anthropozentrischen Ethik ist leicht aufgezeigt: Der Mensch darf und muß die Natur beherrschen. Er muß darum ringen,daß er erfolgreich und beliebt ist. Er muß sich gewaltig anstrengen, um glücklich zu werden.

Und paradoxerweise hat diese so einseitige Wertorientierung zur Folge, daß auch die Erwachsenen in unserer Kultur hinter der Maske scheinbarer Normalität alle Anzeichen der Unreife ahnen lassen. Sie sind kränkbar, sie sind bereit, sich unterzuordnen und Kommandos entgegenzunehmen, sie sind leicht unglücklich, sie verstehen ihre Kinder nicht und scheitern daran, den Kindern den Übergang zum Erwachsenwerden zu zeigen. Sie verfügen über wenig genuinen Stolz, ihr Mitgefühl ist gering entwickelt, und zwar nicht nur im Blick auf Tiere und Pflanzen dieser Erde, sondern auch im Blick auf alle die Menschen, die noch schlechter dran sind als sie selbst. Und vor allem scheinen die Erwachsenen in unserer Kultur von einer permanenten Sehnsucht getrieben zu sein, auf irgendeine Weise das Paradies wiederzufinden. Ich möchte in diesem Zusammenhang die Vermutung wagen, daß diese Sehnsucht eine direkte Folge davon ist, daß die Natur uns so fremd geworden ist. Nur gelegentlich erleben wir Situationen, in denen wir uns als Teil dieser Erde, als Bruder oder Schwester von Tieren und Pflanzen, Wolken und Wind fühlen können. Solange wir unsere dominante Stellung in der Schöpfung verteidigen, werden wir die ökologischen und psychologischen Verlierer sein, die ihren überdimensionalen Ansprüchen immer hinterher laufen. Vielleicht sollten wir besser lernen, uns in die komplexen Zusammenhänge der Natur und des Kosmos einzuordnen, ohne alles technisch beherrschen und "verbessern" zu wollen. Dann könnten wir uns auf der Erde zu Hause fühlen und "glücklich sein ohne Hoffnung". - Wenn man diese Gedanken ernst nehmen wollte, dann müßten unsere Kinder ganz anders aufwachsen...

In den nächsten Jahrzehnten kommt hier eine Menge Arbeit auf Pädagogik und Psychotherapie zu, die bisher nicht weit über den traditionellen Wertekanon der humanistischen Psychologie hinausgegangen sind. Wir brauchen vermutlich so etwa wie eine "ökologische" Pädagogik, die ebenso in den Familien wie in den Schulen langsam Wurzeln schlagen wird. Das alles läßt sich nicht technokratisch planen. Neben vernünftigen ökologisch orientierten Gesetzen und Lehrplänen brauchen wir so etwas wie eine Wende in unseren Herzen, eine wirklich tiefgreifende innere Umorientierung. Das wird vermutlich lange Zeit in Anspruch nehmen, gleichwohl können wir praktisch beginnen und in diesem Sinne ist "Denken wie ein Berg, fühlen wie ein Fluß" ein kleiner Schritt auf dem langen Weg.

## 2. Lernen durch Imagination und Bewegung

Für heranwachsende Kinder ist die Natur, sind Tiere und alle Naturphänomene von großer Bedeutung. Die Beobachtung ihrer natürlichen Umwelt hilft ihnen, sich selbst und ihre inneren Vorgänge besser zu verstehen. Ein kleines Kind hat cin ungeheures geistiges Potential, aber es hat für dieses riesige Potential wenig fertige Programme. Daher ist das Kind ständig auf der Suche herauszufinden, was es mit seinem Geist alles unternehmen kann. Und voller Aufmerksamkeit hört das Kind auf die Signale seiner Umgebung, auf das, was ihm Bäume und Blumen, Katzen und Vögel, Licht und Schatten zu sagen haben. Und durch den universellen Vorgang der Identifikation lernt das Kind, in der Beweglichkeit irgend eines Tieres die Möglichkeiten des eigenen Bewegungsapparates zu verstehen. Es lernt, an der Festigkeit des Steines die Möglichkeit, auch selbst einen festen Standort oder eine feste Perspektive einzunehmen. Und bei all diesen Erforschungsaktivitäten des Kindes spielt sein Körper eine entscheidende Rolle. Das Kind kann eben nicht allein durch Sehen und Hören lernen, sondern es muß gleichzeitig den eigenen Körper einsetzen und sich bewegen, um bedeutungsvolle Interpretationen seiner Welt entwickeln zu können. Und in seiner Phantasie verarbeitet das Kind seine Eindrücke, um Antworten auf die wichtige Frage zu finden, wie denn die Dinge eigentlich zusammenhängen.

Wer aufmerksam mit kleinen Kindern, das heißt mit Kindern zwischen drei und zehn gearbeitet hat, weiß aus vielen Episoden, daß es in dieser Zeit vor allem zwei wichtige Lernmedien für das Kind gibt, nämlich seine Imaginationskraft und seinen Körper. Wenn das Kind diese beiden Medien benutzen kann, dann kann es Erkenntnisse bilden und Urteile entwickeln, Wertvorstellungen speichern und langsam beginnen, auf einer abstrakteren geistigen Ebene zu funktionieren.

Daher stehen in diesem Buch solche Spiele und Experimente im Vordergrund, die den Körper des Kindes vielseitig einbeziehen und darüber hinaus seine Phantasie. Am wichtigsten erscheint es mir, daß die Kinder dabei immer das intensive Vergnügen und die lebhafte Neugier verspüren können, die so charakteristisch dafür sind, wenn Kinder der Natur begegnen. Sie lernen dann ganz von selbst, und die Erwachsenen können mit leichter Hand kognitiv unterstützend behilflich sein. Es geht hier nicht um distanziertes, objektives Betrachten der Natur. Mit dieser Haltung haben wir ja selbst unsere ursprünglichen Bande zur Natur gefährlich gelockert.

Wenn wir unseren Kindern Gelegenheit geben wollen, gesund aufzuwachsen und später ökologisch verantwortlich zu handeln, dann müssen wir ihnen behilflich sein, länger und intensiver ihre angeborene Naturbegeisterung zu erhalten und zu entwickeln.

In allen Experimenten wird das Imaginationsvermögen des Kindes angesprochen. Wenn wir seine Phantasie einmal erreicht haben, dann ist das Kind von selbst motiviert, zu lernen und Neues herauszufinden. Es wird besser beobachten, es wird seine Beobachtungen mitteilen oder geistig ordnen wollen. Und es wird selbstbewußter, wenn es spürt, daß seine Kompetenz im Umgang mit der Welt, im Umgang mit dem eigenen Potential wächst.

## 3. Einige Hinweise zur praktischen Arbeit

Die einzelnen Experimente und Spiele sind ausführlich beschrieben. Gleichwohl kann es erforderlich sein, daß Sie diese vielfältig bewährten Lernstrukturen in einzelnen Punkten an Tempo, Temperament und

Entwicklungsstand Ihrer Gruppe anpassen und entsprechend modifizieren.

Im Kapitel "Das Leben" finden Sie einige kleine Geschichten mit metaphorischen Aspekten. Lesen Sie diese Geschichten bitte so, daß die Phantasie der Kinder mitgehen kann. Sie können an den Gesichtern ablesen, ob Ihr Tempo und Ihre Intonation passend sind, um das einzelne Kind innerlich aufzuschließen. Dann können Sie nach einer kurzen Pause zu dem Aktionsteil übergehen, in dem die Kinder Phantasie und Bewegung miteinander kombinieren können.

Wenn es jedoch besser zu Ihnen und Ihrer Gruppe paßt, können Sie auch die Geschichte zunächst besprechen und sie mit den eigenen Lebenserfahrungen der Kinder verbinden. Fragen nach dem Muster: " Hast du auch schon einmal...?" aktivieren altes Erfahrungsmaterial und schließen es für die Weiterentwicklung des Kindes auf. In dieser Phase können Sie natürlich auch bereits einzelne Vorgänge in Bewegungen übersetzen lassen, um so das Verständnis für kompliziertere Aktionen von Tieren und Naturphänomenen vorzubereiten.

Erfahrungsgemäß ist der Teil der Experimente, in dem die ganze Gruppe mit verschiedenen Bewegungsmustern experimentiert, für die meisten Kinder unproblematisch. Immer wieder können Sie feststellen, daß Sie mittendrin als eine wichtige Bezugsperson agieren. Auf diese Weise wird die Spielstruktur stabilisiert, und Sie selbst als Erwachsener können für die Kinder eine tragende und anregende Rolle spielen.

Wenn es dann darum geht, die Geschichten zu spielen, sollten Sie folgendes im Auge haben:

Es ist überflüssig, die Kinder zum Sprechen zu animieren. Wenn die Kinder nämlich gleichzeitig sprechen und körperlich agieren sollen, dann ist das für diese Altersgruppe in der Regel zuviel. So können sich die Kinder ganz auf die körperliche Interpretation konzentrieren und dabei eine Menge innerlich denken und empfinden.

Möglichst alle Kinder sollten eine Rolle erhalten. Einzelne Rollen können durchaus mehrfach besetzt werden. Außerdem können die

Kinder Elemente der Szenerie verkörpern. Definieren Sie den Platz der Bühne.

Kinder, die noch nicht an der Reihe sind, können eine besondere körperliche Haltung einnehmen, indem sie sich z.B. auf den Boden setzen oder den Kopf senken. Das begünstigt eine gewisse Ruhe und Konzentration.

Geben Sie dem "Stück" auch immer gemeinsam mit den Kindern einen speziellen Titel, der zu Beginn des Spiels einem imaginären Publikum genannt werden soll.

Normalerweise empiehlt es sich, die Geschichte bei der "Aufführung" noch einmal laut und mit Enthusiasmus vorzulesen, damit die Akteure entsprechend animiert werden. Die Bewegungen der Kinder werden dann viel intensiver und expressiver.

Nach jeder Aufführung sollten Sie als Leiter der Gruppe applaudieren und alle Kinder, die mitgewirkt haben, verbeugen sich.

Besprechen Sie mit den Kindern passende Bewegungen für den Beginn und den Schluß der Aktion, damit die kleine Aufführung einen richtigen Rahmen erhält.

Ermutigen Sie die Kinder auch, so ausgreifende Bewegungen vorzunehmen, daß sie im Theater auch aus der letzten Reihe gesehen würden.

Machen Sie immer wieder deutlich, daß auch andere auf der "Bühne" sind, und daß die Kinder sich auf sie beziehen müssen. Das ist für die Kinder nicht selbstverständlich. Gewöhnen Sie die Kinder auch daran, daß sie ihrer Rolle treu bleiben, solange die gemeinsame Aktion läuft.

Lassen Sie sich nicht durch kleine Räume abschrecken. Die Erfahrung hat gezeigt, daß auch eine kleine Spielfläche, die man in jedem Klassenzimmer durch Zusammenschieben der Tische gewinnen kann, ausreicht, und daß der beschränkte Raum sogar das Spiel intensiviert.

Und bitte beurteilen Sie Ihren eigenen Erfolg nicht nach der ästhetischen Qualität der spielerischen Aktionen sondern messen Sie ihn am Verlangen der Kinder, derartige Spiele zu wiederholen. Im übrigen werden Sie sehen, daß die Kinder von Mal zu Mal phantasievoller und ausdrucksstärker werden, und daß allmählich das Ballett der kleinen Körper eine Menge Einsichten und manchmal noch mehr neue Fragen erzeugt.

Ich wünsche Ihnen viel Vergnügen bei den Spielen und Experimenten von "Denken wie ein Berg, fühlen wie ein Fluß".

Teil 2 wird u.a. die Kapitel "Pflanzen", "Landschaften" und "Jahreszeiten" enthalten und vermutlich im Herbst 1991 das Licht der Welt erblicken.

Hamburg, im April 1991 Klaus W. Vopel

# Kapitel 1

# Das Leben

Now, one thing about a child is that he is unacquainted with his body. He doesn't know that his hands are his. He doesn't know that he is moving them. He doesn't recognize his knees or his feet. They are just objects. So he has to feel them over and over again. And learning to recognize your body is really a very difficult thing.

Milton H. Erickson

# 1
# Spielzeugtiere

## Ziele

Wir benutzen hier einen idealen Anknüpfungspunkt, nämlich die Schmusetiere oder Tiere aus Holz oder Plastik, mit denen das Kind bisher im Hause gespielt hat. Für viele Kinder sind diese Tiere ja Gestalten des Vertrauens und der Zuneigung, und es hat seinen tiefen Grund, daß die Kinder diesen Tieren in der Regel den Vorzug vor Puppen geben. Natürlich können sie sich in dem fremden Tier ebenfalls wiederfinden und gleichzeitig erleben, daß noch etwas dazukommt. Vom Teddybär vielleicht dessen imaginäre Robustheit und Kraft, vom Affen Beweglichkeit und Clownerie, vom Krokodil Wehrhaftigkeit und Aggressionsvermögen. Fordern Sie die Kinder auf, eines ihrer Lieblingstiere zur nächsten Stunde mitzubringen. Dann haben Sie einen guten Starter für dieses Experiment, in dem die Kinder auf ganz zwanglose Weise üben können, durch ihre Tiere zu lernen bzw. das, was sie schon können, noch ein Stück weiter voranzutreiben. (Alter: ab 6 J.)

## Anleitung

Ich freue mich, daß ihr eure Spielzeugtiere mitgebracht habt, und ich möchte gleich jedem Tier guten Tag sagen. Bitte kommt einer nach dem anderen mit seinem Tier zu mir, und dann soll mir das Tier z.B. sagen: "Ich bin der Teddy von Olaf, und ich heiße Kuno."... Und ich werde dann jedem Tier guten Tag sagen und mich vorstellen und das Tier genau anschauen. (Bauen Sie in Ihre Begrüßung bitte eine kurze Beschreibung des jeweiligen Tieres ein nach dem Muster:... "Du bist ein zotteliger Bär, du hast kräftige Beine, und ich sehe ein niedliches kleines Gesicht mit einer roten Zunge."... Auf diese Weise können Sie

Anschluß finden und irgendwie akzeptiert werden in dem magischen Bündnis, das das Kind mit seinem Tier geschlossen hat.)

Und nun möchte ich gerne, daß wir alle Tiere auf unserem Platz lassen. Ein Kind kann mit seinem Tier in die Mitte kommen und uns zeigen, wie sich sein Tier in der Natur bewegt. Und dann können wir alle ebenfalls versuchen, uns so zu bewegen wie dieses Tier... (Lassen Sie ganz verschiedene Tiere vorstellen, und geben Sie gegebenenfalls Hilfestellung bei den typischen Bewegungen des jeweiligen Tieres.)

Und nun können zwei Kinder mit ihren Tieren zusammen kommen. Und beide Tiere können ein paar Worte miteinander sprechen, z.B. der Teddybär mit dem Krokodil. Könnt ihr euch vorstellen, was die beiden miteinander reden?...(Lassen Sie vielleicht zwei oder drei verschiedene Tierpaare kurze einfache Dialoge improvisieren...)

Jetzt können drei Kinder mit ihren Tieren in die Mitte kommen. Laßt uns gemeinsam eine kleine Geschichte ausdenken, in der diese drei Tiere vorkommen... Versuchen Sie, die Vorschläge der Kinder möglichst direkt zu übernehmen, und lassen Sie bitte die Geschichte dann von den Kindern spielen. Wenn die Kinder zum ersten Mal eine solche Geschichte spielen, dann ist es am besten, wenn möglichst viele Kinder einbezogen werden und dabei die Rolle des Bühnenbildes oder der Requisiten übernehmen. Das Prinzip soll es sein, daß die Kinder die Geschichte durch Bewegungen darstellen, möglichst ohne Worte. Helfen Sie dabei hier und da, und machen Sie deutlich, daß man eine Geschichte auch verstehen kann, wenn gar nicht dabei gesprochen wird.

## Auswertung

✤ Welche Spielzeugtiere besitzt du?

✤ Welches ist dein liebstes Spieltier?

# 2
# Das Affenkind

## Ziele

Affen sind für Kinder faszinierende Tiere. In vieler Hinsicht sind sie ihnen so ähnlich und in punkto Beweglichkeit weit voraus. In diesem Experiment haben die Kinder Gelegenheit, viele Bewegungen, die sie schon beherrschen, zu praktizieren und die eine oder andere vielleicht dazuzulernen. Die kleine Geschichte bestärkt sie darin, daß jeder Defizite ausgleichen und durch Beobachtung von anderen lernen kann. (Alter: ab 6 J.)

## Anleitung

Ich möchte euch eine kleine Geschichte erzählen:
Es war einmal ein Affenkind, das ausgezeichnet klettern konnte. Es turnte mit Vater und Mutter hoch oben in den Ästen der Bäume, und die kleinen Hände konnten sicher Halt finden an den Zweigen. Mit dem langen Schwanz balancierte das Affenkind, wenn es einmal einen großen Sprung von einem Zweig zum anderen machen wollte. Das Affenkind paßte gut auf, immer Zweige mit der richtigen Stärke anzusteuern. Die Affeneltern waren stolz auf das Affenkind, das so schnell gewachsen war und das schon so geschickt die Bäume hinauf- und hinabklettern konnte. Eines Tages wurde das Affenkind sehr krank, es bekam hohes Fieber, und es wurde sehr schwach. Die Affenmutter hielt das Kind in ihren Armen, weil es nicht mehr in der Lage war zu gehen oder sich oben in den Zweigen der Bäume festzuhalten. Nach einigen Tagen war das Affenkind ganz mager geworden. Die Arme und Beine, die es vorher so gut gebrauchen konnte, waren ganz dünn und unbeweglich geworden. Zum Glück hörte das Fieber

auf, und das Affenkind blieb am Leben. Aber die Mutter mußte es wieder füttern, denn das Affenkind konnte nicht mehr so herumlaufen wie vorher. Wenn das Wetter schön war, setzte die Mutter das Affenkind vor einen kleinen Felsen, damit es seinen Rücken dort anlehnen konnte.

Die Mutter wußte sich keinen rechten Rat, wie sie ihrem Kind helfen konnte. Und das Affenkind wollte so gerne mit den anderen jungen Affen spielen, aber es konnte seinen Körper nicht richtig bewegen. Was sollte es nur tun? Traurig schlief es ein. Aber im Traum erlebte das Affenkind etwas Merkwürdiges. Der Affengott kam über die Wiese mit langsamen Schritten und setzte sich zu dem schwachen Affenkind. Er schaute es lange an und hielt die kleine magere Hand in seiner großen kräftigen. Dann sagte der Affengott: "Beobachte gut, wie sich die anderen jungen Affen bewegen. Wie sie ihre Hände öffnen und schließen oder wie sie ihren Arm heben und senken. Dann kannst du jede dieser Bewegungen auch selbst üben. Das wird eine ganze Zeit dauern, aber am Ende wirst du dich wieder bewegen können wie all deine Freunde. Du bist ja ein guter Beobachter, und du weißt ja auch, daß dies der beste Weg ist." Mit diesen Worten verabschiedete sich der Affengott und war verschwunden.

Als das Affenkind aus seinem Traum erwachte, hatte es die Worte des Affengottes vergessen. Aber sonst machte das Affenkind alles, was ihm der Affengott im Traum geraten hatte. Es beobachtete die anderen jungen Affen, und Schritt für Schritt fing es an, die einzelnen Teile seines Körpers wieder zu bewegen. Und nach einigen Wochen konnte das Affenkind schon wieder alleine stehen, und nach einigen Wochen mehr konnte es schon wieder mit den Händen fest zugreifen. Und ganz am Ende gelang es ihm, wieder in die geliebten Bäume hochzuklettern. Und als die Eltern das sahen, waren sie überglücklich. Sie holten all die anderen Affen zusammen und riefen: "Seht euch das an, unser Affenkind hat sich das Klettern wieder selbst beigebracht. Was für ein tüchtiges und schönes Affenkind! Würdet ihr das auch schaffen?"

Und nun können wir probieren, ob ihr auch all die Bewegungen könnt, die sich das Affenkind wieder selbst beigebracht hat. Setzt euch bitte auf den Boden, und nehmt zuerst beide Hände, haltet sie vor euch hin und öffnet die Hände ganz weit, und dann macht eine feste Faust mit euren Händen... Und dreht die Hände in euren Handgelenken... Und macht das ein paarmal, die Hand schnell öffnen und wieder zur Faust schließen... Ja, so ist es gut. Und nun klopft mit euren Fingerspitzen auf den Fußboden,... und jetzt streckt die Fingerspitzen ganz hoch zur Decke,... klopft dreimal auf den Boden, und streckt die Fingerspitzen dreimal nach oben..., klopft fünfmal mit den Handgelenken auf den Fußboden..., klopft fünfmal mit den Handflächen auf den Boden und nun schüttelt die Hände so, als ob ihr Wasser von den Händen abschütteln wollt. Nun preßt beide Handflächen gegeneinander so, als ob ihr eine Nuß zwischen ihnen zerdrücken wollt,... laßt nun wieder locker... Und zerdrückt noch zwei größere Nüsse zwischen euren flachen Händen...

Und nun laßt den Kopf nach vorne sinken, und hebt ihn ganz langsam wieder hoch... Nickt dreimal mit dem Kopf, laßt ihn zweimal nach links auf die Schulter sinken... und dreimal nach rechts auf die Schulter fallen... Nun macht einen großen Kreis mit eurem Kopf und noch einen... und noch einen... Und nun seht mich alle an und haltet einen Augenblick den Kopf ganz ruhig... Ja, das macht ihr gut. Nun hebt die linke Schulter hoch und laßt sie fallen... Macht das dreimal. Nun hebt die rechte Schulter hoch, und macht das viermal... Nun macht mit beiden Schultern kleine Kreise in die Luft,... und nun hebt und senkt beide Schultern gleichzeitig... Ja, so ist es gut. Und jetzt streckt beide Arme hoch in die Luft über euren Kopf, und laßt sie plötzlich ganz schlaff runterfallen. Macht das ein paarmal...

Nun wollen wir sehen, was ihr mit eurem Rücken tun könnt. Sitzt ganz gerade, so daß ihr einen langen Rücken und einen langen Hals bekommt. Laßt jetzt den Kopf runtersinken bis zu den Füßen, so daß ihr einen ganz runden Rücken bekommt und bleibt so. Könnt ihr das in eurem Rücken merken? Setzt euch wieder gerade hin... Hebt und senkt die Füße, als ob ihr gehen wollt.

Das habt ihr gut gemacht. Und jetzt möchte ich sehen, ob ihr Bewegungen nachmachen könnt, die ich euch vormache. (Zeigen Sie den Kindern verschiedene deutliche Bewegungen mit Hand, Ellenbogen und Fingern.) Das habt ihr gut gemacht. Jetzt könnt ihr mir zeigen, ob ihr euch auch ganz langsam bewegen könnt. Könnt ihr eure Ellenbogen ganz langsam bewegen?... Könnt ihr ganz langsame Bewegungen mit eurem Kopf machen?... Könnt ihr ganz langsame Bewegungen mit euren Händen machen?...

Nun zeigt mir bitte, daß ihr klatschen könnt. Klatscht in beide Hände, und haltet die Hände vor euch, und macht das dreimal. Klatscht in eure Hände, und haltet die Hände dabei über euren Kopf. Klatscht dreimal. Haltet die Hände auf eure rechte Seite, und klatscht dreimal, Haltet die Hände jetzt auf die linke Seite. Und klatscht dreimal. Nun stellt euch bitte in einem großen Kreis auf. Ich möchte, daß die Jungen immer dreimal in ihre Hände klatschen: dreimal über ihrem Kopf und vor der Brust dreimal usw. Die Mädchen werden tanzen: Sie breiten die Arme aus und gehen von einem Fuß auf den anderen und drehen sich dabei langsam im Kreis herum... Und jetzt wechselt bitte, und die Mädchen klatschen in die Hände, und die Jungen tanzen, gehen von einem Bein auf das andere und drehen sich im Kreis herum...

Und könnt ihr euch vorstellen wie das ist, wenn eine ganze Affenherde einen Freudentanz aufführt, z.B. weil das kranke Affenkind wieder klettern kann? (Sammeln Sie mit den Kindern einige Ideen zu einem solchen Freudentanz und probieren Sie einige Elemente vorher aus. Verabreden Sie dann mit den Kindern irgend ein Signal, mit dem Sie den Freudentanz nachher stoppen können.)

## Auswertung

✤ Welche Affen magst du am liebsten?
✤ Was gefällt dir an den Affen besonders?
✤ Hast du einen Affen bei deinen Kuscheltieren?
✤ In welchen Ländern leben die Affen?

- ✤ Was unterscheidet Menschen von Menschenaffen?
- ✤ Kenne ich Menschen, die wie ein Affe sind?

# 3 Die Biene

## Ziele

Die Biene gehört ebenfalls zu den Tieren, die bei den Kindern populär sind. Vielleicht reizt der Kontrast, daß die Biene uns einerseits mit Honig versorgt, und daß sie andererseits einen Stachel hat, den die Kinder selbst auch gern zur Verfügung hätten. Außerdem ist die soziale Organisation der Bienen faszinierend. Kinder interessieren sich brennend für alle Formen menschlichen Zusammenlebens. Die kleine Geschichte bietet wieder eine altersgemäße Möglichkeit, sich zu identifizieren, in diesem Fall mit der wachsenden Kompetenz des kleinen Tieres. (Alter: ab 6 J.)

## Anleitung

Ich möchte euch gleich eine Geschichte erzählen. Wenn ihr wollt, könnt ihr euch ganz bequem hinsetzen, oder wenn euch danach ist, sogar die Augen dabei schließen. Die Geschichte beginnt früh am Morgen, wenn es noch nicht ganz hell ist. In einem Bienenkorb erwacht eine kleine Biene. Die kleine Biene hat ganz unruhig geschlafen, weil so gerne einmal helfen möchte. Jeden Tag sieht sie, wie die erwachsenen Bienen am Morgen aus dem Bienenstock fliegen, um den ganzen Tag über unermüdlich Nektar zu sammeln, den sie dann in den Korb tragen, damit Honig daraus gemacht werden kann. Und wie gerne würde die kleine Biene auch zu den Blüten fliegen und den Nektar zusammensammeln! Oft hat sie schon gesagt: "Ich bin auch schon groß, ich möchte mithelfen." Und jedes Mal sagten die erwachsenen Bienen: "Warte noch, du bist noch zu klein." Das enttäuschte die kleine Biene immer aufs neue. Doch heute morgen ist sie entschlossen, nicht länger zu warten. Als erste krabbelt sie an das Flugloch, und die Morgenluft ist noch so kühl, und die kleine Biene muß sich erst recken und strecken, um überhaupt gelenkig zu werden in der frischen Morgenluft. Dann spannt sie ihre Flügel weit auseinander, gibt sich einen Ruck und fliegt los. Alles ist noch so still. Es ist schwer für die kleine Biene, in der kühlen Luft die Blüten überhaupt zu riechen. Als sie einige Blüten untersucht, bemerkt sie, daß die alle noch geschlossen sind. Es ist einfach noch zu früh. Und so fliegt sie wieder zurück und setzt sich dicht an das Flugloch. Sie legt ihre Flügel übereinander und schaut mit ihren großen Augen nach draußen, um das Aufgehen der Sonne nicht zu versäumen. Mit ihren Fühlern prüft sie die Temperatur der Luft. Sie weiß, wenn es warm genug ist, öffnen sich alle Blüten. Dann will sie zum ersten Mal mithelfen, Nektar zu sammeln. Nun ist es endlich soweit, es ist schon viel wärmer, und die kleine Biene fliegt los. Sie bemerkt einen starken Duft. Sie folgt diesem Duft und entdeckt einen großen Baum, über und über besäht mit leuchtenden Blüten. Vorsichtig landet sie auf einer Blüte, hält sich mit ihren sechs kleinen Füßen fest. Dann steckt sie ihren Rüssel tief in die Blüte , sammelt den Nektar und klebt ihn an ihre Hinterbeine, bis sie ganz schwer bepackt ist. Und als sie losfliegen will, merkt sie, daß sie sich viel mehr anstrengen muß, weil sie nun so schwer geworden ist. Aber sie kommt gut am Flugloch an und bringt ihren Nektar zu den Bienen, die daraus Honig machen können. Überall, wo sie vorbeikommt, erzählt die kleine Biene ganz aufgeregt: "Ich habe einen ganz neuen blühenden Baum entdeckt, da könnt ihr alle soviel Nektar sammeln." Und eine Biene sagt es der anderen weiter, und die kleine Biene zeigt den anderen den Weg zu dem blühenden Baum. Und von nun an darf sie mithelfen, und immer mehr Bienen wissen, daß die kleine Biene jetzt erwachsen geworden ist...

(Lassen Sie die Kinder diese Geschichte durch dynamisches Spiel interpretieren. Und realisieren Sie zunächst die folgenden Sequenzen:) Zeigt mir bitte durch eure Bewegungen, wie die kleine Biene vom Schlaf erwacht. Wie bewegt sie ihre Beine, ihren Kopf, ihren Körper?...

Zeigt mir bitte, wie die kleine Biene am Ausgang des Flugloches sitzt und in den kühlen Morgen hinausschaut. Wie bewegt sie wohl ihren Kopf und ihre Fühler? Zeigt mir bitte, wie das ist, wenn die Biene ihren ersten Flug in der kühlen Morgenluft unternimmt...

Wie landet die Biene, wenn sie vom Flug zurückkehrt? Könnt ihr mir das zeigen?

Zeigt mir bitte, wie die Biene bei einer Blüte des duftenden Baumes landet. Ich möchte, daß immer einer von euch die Blüte ist und ein anderes Kind die Biene. Zeigt mir, wie die Blüte aussieht, und zeigt mir, wie die Biene sich den Honig herausholt... Wie fliegt die Biene, wenn sie schwer beladen mit Nektar ist?...

Und nun können wir die ganze Geschichte spielen. (Lassen Sie alle Kinder mitspielen und sich passende Rollen wählen: Arbeitsbienen, Bienenkorb, Flugloch, Baum, Blüten etc. Besprechen Sie die Reihenfolge der Aktionen, und legen Sie mit den Kindern gemeinsam Anfang und Ende der Szene fest. Die Szene kann z.B. sehr schön enden in einem gemeinsamen Honigtanz der Arbeitsbienen und der gerade erwachsen gewordenen jungen Biene.)

## Auswertung

- Hast du schon einmal einen Beinenstock beobachtet?
- Was tut sich im Sommer auf einer blühenden Wiese?
- Weißt du, wie Honig gewonnen wird?
- Wann stechen Bienen? Bist du schon einmal gestochen worden?
- Weißt du, daß es bei einem Bienenvolk verschiedene "Ämter" gibt? Welche kennst du?

# 4
# Auf dem Bauernhof

## Ziele

Hier haben die Kinder wieder die Möglichkeit, ihr Bewegungsrepertoire zu testen und zu erweitern. Diesmal können sie sich mit verschiedenen Tieren identifizieren und deren spezifische Bewegungen interpretieren. Die kurze einleitende Phantasie hilft den Kindern, in die Szene hineinzukommen. (Alter: ab 6 J.)

## Anleitung

Setzt euch bequem hin, und wenn ihr wollt, könnt ihr auch die Augen schließen, denn unsere Geschichte beginnt mitten in der Nacht. Es war einmal ein Stadtkind, das hatte alles, was das Herz begehrt: einen Plattenspieler, einen Farbfernseher und einen Videorecorder. Jeden Tag konnte es alle diese Geräte benutzen, und trotzdem fing das Kind an, sich sehr zu langweilen. All die elektronischen Bilder und die Musik aus den Lautsprechern machten das Kind nicht mehr froh. Es fühlte sich so unruhig, und irgendwie kam es sich eingesperrt vor. Es seufzte: "Alles ist hier so öde... Ich erlebe gar nichts Interessantes, ich rieche nichts Aufregendes. Ich höre nichts Spannendes." Und es legte sich traurig in sein kleines Bett und hoffte, daß es wenigstens einen abwechslungsreichen Traum haben würde. Mitten in der Nacht träumte es dann, daß es in dem Zimmer ein leises Geräusch gab, ein sehr leises Geräusch. Das Geräusch ging ungefähr so: sch, sch, sch... Und obgleich das Geräusch so leise war, wußte das Kind sofort, daß nun etwas Neues kommen würde. Es öffnete im Traum die Augen, und es sah vor seinem Bett eine kleine goldene Schlange. Die kleine goldene Schlange sagte mit heller Stimme: "Komm mit, ich will dir etwas anderes zeigen."... Und die Schlange führte das Kind weit weg auf einen kleinen Bauernhof. Da roch es ganz anders, und die Geräusche waren ebenfalls ganz anders. Und das Kind konnte so viele interessante Dinge sehen: Es sah, wie die Kühe auf der Wiese das Gras abrupften, wie die Pferde über die Weiden galoppierten, wie Hund und Katze aus demselben Futternapf fraßen; wie ein großer bunt schillernder Hahn oben auf dem Misthaufen stand und aus Leibeskräften krähte. Das Kind fand es so interessant, den Tieren zuzusehen, sie zu riechen und ihre Geräusche zu hören.

Als es am Morgen erwachte, da lächelte das Kind. Und es stellte sich mitten in sein Zimmer, hob das eine Bein hoch und die beiden Arme rechts und links wie zwei Flügel. Dann öffnete es den Mund und krähte laut wie ein Hahn. Als das Kind zum zweiten Mal krähte, da fing es selbst an, laut zu lachen. Es lachte immer weiter, auch als die Mutter hereinkam und die ganze Geschichte nicht so richtig verstand. Aber die Mutter freute sich, daß das Kind den Tag so gut gelaunt begann.

Ja, nun könnt ihr die Augen wieder öffnen und euch vorstellen, daß wir alle jetzt ebenfalls auf einem Bauernhof sind. Und wir können versuchen, uns so zu bewegen, wie die Tiere es dort tun.

Könnt ihr mir zeigen, wie sich ein Hund bewegt? Lauft ganz schnell herum wie ein Hund und stoppt plötzlich,... und startet dann wieder und stoppt dann wieder... Und könnt ihr das auch tun, indem ihr auf Händen und Füßen lauft? Und nun legt euch auf den Bauch, hebt den Kopf und guckt euch um wie ein neugieriger Hund.

Und stellt euch vor, daß ihr jetzt ein Hahn seid. Haltet die Arme zu den Seiten, und geht langsam und ein bißchen wippend wie ein Hahn. Könnt ihr auch auf einem Bein stehen?... Und nun stellt euch vor, daß ihr ein Pferd seid... Beugt die Knie ein bißchen, und lauft herum wie ein Pferd. Und wißt ihr, wie ein Pferd trabt? Könnt ihr mir auch zeigen wie ein Pferd galoppiert?...

Und nun seid eine Katze. Geht mit den Händen auf dem Boden, und setzt euch einmal hin wie eine Katze. Dreht den Kopf ganz, ganz langsam, und öffnet die Augen nur einen Spalt breit.

Könnt ihr mir zeigen, wie eine Katze schleicht, wenn sie nicht gesehen werden möchte? Streckt eure Hände langsam nach vorne, und zieht eure Knie ganz langsam nach... Und könnt ihr mir auch zeigen, wie eine Katze springt?...

Und nun seid eine Ente. Stellt euch hin und watschelt nach vorne, von einem Bein langsam auf das andere... Und watschelt auch ein paar Schritte zurück... und ein paar Schritte zur Seite, nach links und nach rechts...

Und auf dem Bauernhof gibt es eine Menge Spatzen. Könnt ihr hüpfen wie die Spatzen? Zeigt mir, wie ein Spatz hüpft... Hüpft alle zu mir her, damit ich euch Haferkörner zuwerfen kann. Ja, so ist es gut. Und welche Tiere möchtet ihr mir sonst noch zeigen?... Und nun können wir gleich eine Parade der Tiere vom Bauernhof zeigen: Die eine Hälfte von euch sollen nun Tiere sein. Sagt mir jeder bitte, welches Tier er sein möchte, und stellt euch hintereinander auf. Und die andere Hälfte von euch sollen Kinder vom Dorf sein, und jeder hat für eines der Tiere etwas zu fressen. Und nach der Parade gibt jedes Dorfkind seinem Tier das, was dieses besonders gern frißt...

## Auswertung

- Seid ihr schon einmal auf einem Bauernhof gewesen oder habt dort vielleicht sogar die Ferien verbracht?
- Warum gibt es heute auf vielen Bauernhöfen nur noch zwei oder drei Arten von Tieren?
- Welche Haustiere findest du besonders interessant?
- Seit wann gibt es Haustiere?
- Woher kommen die Haustiere?
- Was wißt ihr über Haustiere?

# 5
# Die Schlange

## Ziele

Die Bewegungen der Schlange sind auch für uns Erwachsene noch geheimnisvoll, weil wir die vielen kleinen Bewegungen der Rippenbögen nicht sehen können. Für Kinder sind Schlangen ebenfalls sehr beeindruckend. Die Identifikation mit der Schlange kann ihnen helfen, sich mit deren Qualitäten zu befreunden, z.B. mit ihrer Präzision, Schnelligkeit und Entschlossenheit. Die einleitende kurze Phantasie erleichtert es den Kindern, die anfängliche Fremdheit beiseite zu lassen. (Alter: ab 6 J.)

## Anleitung

Setzt euch bequem hin, und schließt vielleicht die Augen, wenn ihr meiner kleinen Geschichte zuhört. Es war einmal eine kleine, grüne Schlange. Sie lebte mit ihren beiden Eltern auf einem Feld. Die Mutter hatte rote Punkte auf der Stirn, und der Vater hatte einen schwarzen Punkt auf der Stirn. Immer nur bei ihren beiden Eltern zu sein, war für die kleine grüne Schlange langweilig. Also schlängelte sie sich durch Wald und Feld, weil sie Gesellschaft finden wollte. Aber all die Tiere hatten Angst vor ihr: der Hase sprang entsetzt zur Seite, die Maus verschwand blitzschnell in ihrem Loch, das Rebhuhn flatterte weg, der junge Fuchs machte einen großen Bogen. Keines der Tiere wollte mit der kleinen Schlange spielen. Die Schlange wunderte sich und dachte: "Wie kommt es bloß, daß die anderen Tiere nichts mit mir zu tun haben wollen?" Sie fand aber keine Antwort und kehrte traurig zu den Eltern zurück. Sie erzählte den Eltern von ihrem Mißgeschick, aber die Eltern wußten auch keinen rechten Rat. Die Eltern sagten: "Wir finden, daß du eine hübsche grüne Schlange bist. Du bist so beweglich und klug. Wir glauben, daß es jemanden gibt, der gerne mit dir spielt. Such nur weiter." Und da schlängelte sich die Schlange wieder durch Wald und Feld, und diesmal geschieht etwas anderes. Sie hört ein ganz leises Geräusch, das ihr sehr bekannt vorkommt. Ihr Herz schlägt schneller. Sie riecht etwas, was so gut riecht und so vertraut. Schnell kriecht sie auf das Geräusch zu und sieht eine zweite kleine, grüne Schlange, allein wie sie selbst. Und beide Schlangen schwingen erfreut die Köpfe hin und her und begrüßen sich. Sie fangen an, miteinander zu spielen und ihre Körper umeinanderzuringeln. Beide erzählen sich, wie lange sie darauf gewartet haben, endlich einen passenden Spielkameraden zu finden. Zum Schluß machen sie einen richtigen Freudentanz. Dann nimmt die erste grüne Schlange ihren neuen Freund mit nach Haus, und die rotgepunktete Mutter und der schwarz gepunktete Vater sind voller Stolz, und sie sagen zu den beiden jungen Schlangen: "Das trifft sich gut, laßt uns zusammen auf die Mäusejagd gehen."...

Und öffnet wieder die Augen, und zeigt mir zunächst mit Armen und Händen, wie sich die kleine grüne Schlange wohl bewegt. Zeigt es zuerst mit dem rechten Arm, zeigt es mit dem linken Arm,... zeigt es mir stehend mit dem ganzen Körper.

Und nun zeigt mir, wie die grüne Schlange ihren Kopf hält... Wie hält der Schlangenvater seinen Kopf?... Wie hält die rotgepunktete Schlangenmutter ihren Kopf?... Könnt ihr mir auch zeigen, wie die kleine, grüne Schlange schnuppert? Ja, öffnet den Mund und bewegt die Zunge hin und her! Ja, so ist es gut. Und nun geht auf den Boden, und zeigt mir, wie ihr euch auf dem Bauch bewegen könnt. Könnt ihr diese kleinen Bögen machen, mit denen sich die Schlangen bewegen? Und nun kommen alle Schlangen zu mir, und ich werde eine kleine Melodie pfeifen, und ihr könnt euch hinsetzen und euren Oberkörper im Takt zu der Musik bewegen. Ich bin der Schlangenbeschwörer. Und wenn ich aufhöre zu pfeifen, dann rollen sich alle Schlangen blitzschnell zusammen und bewegen sich gar nicht mehr...

Und nun laßt uns beraten, wie wir die kleine Geschichte von der grünen Schlange gemeinsam spielen können... (Lassen Sie die Kinder ihre Rollen wählen und arrangieren Sie es so, daß alle Kinder im Rahmen der Geschichte eine passende Rolle erhalten, also auch Bestandteile der Szenerie: Gras, Steine, Bäume usw.

Oder lassen Sie die Kinder in einigen kleinen Gruppen parallel spielen. Legen zu Beginn wieder gemeinsam mit den Kindern fest, womit das Spiel beginnt und womit es definitiv enden soll.)

### Auswertung

- ✤ Kennst du Menschen, die vor Schlangen Angst haben?
- ✤ Kennst du Menschen, die vor anderen Tieren Angst haben?
- ✤ Wovor haben wir am meisten Angst?
- ✤ Was wißt ihr von Schlangen?
- ✤ Welche Schlangen sind giftig?
- ✤ Wie bewegt sich die Schlange?
- ✤ Wie frißt eine Schlange?
- ✤ Hast du schon einmal eine Schlange in der Natur gesehen?

# 6
# Eine treue Maus

### Ziele

Mit Mäusen können sich Kinder gut identifizieren, sind sie doch überaus flink und vor allem "nicht so leicht zu kriegen". Angesichts der auf vielen Gebieten so erdrückenden Überlegenheit der Erwachsenen macht die flinke und entschiedene kleine Maus den Kindern Mut. Die kleine Geschichte zeigt, daß auch eine Maus mutig sein und sich der Rauheit des Lebens stellen kann. (ab 6 Jahren)

## Anleitung

Bitte setzt euch bequem hin und schließt, wenn ihr mögt, die Augen. Wenn euch das angenehmer ist, könnt ihr euch auch hinlegen, damit ihr euch all das, was ich euch gleich erzähle, gut durch den Kopf gehen lassen könnt. Es waren einmal zwei Mäuse, die auf einem Bauernhof lebten. Sie waren gute Freunde und ganz unzertrennlich. Sie teilten ihr Futter miteinander, sie spielten zusammen und legten sich zur selben Zeit gemeinsam schlafen. Und eines Tages kam eine große, schwarze Schlange ganz leise und überraschend. Und die Schlange war sehr hungrig, und als sie die beiden Mäuse sah, lief ihr das Wasser im Munde zusammen. Sie schlängelte sich in die Nähe der beiden Tiere, und mit einer blitzschnellen Bewegung packte sie die eine Maus und fing an, mit weit geöffnetem Rachen das kleine Tier hinunterzuwürgen. Die andere Maus war vor Schreck ganz starr; ihre Augen wurden groß wie Pfefferkörner, sie atmete so heftig wie ein Blasebalg, und ihr kleines Herz tat ihr weh. Sie guckte und guckte aus sicherem Abstand und dachte bei sich: "Was soll ich bloß ohne meinen Freund tun?"

Inzwischen hatte die Schlange die Maus verspeist, und dort, wo ihr Magen war, gab es eine richtige runde Beule, die man gut sehen konnte. Und die Schlange sagte zu sich: "Das war eine gute Mahlzeit." Dann fing sie an, in das Loch hineinzukriechen, in dem sie wohnte. Die Schlange war schon zur Hälfte in ihrem Loch verschwunden, als die zweite Maus herbeistürzte und ihre Zähne in den Schwanz der Schlange grub. Wütend kam die Schlange rückwärts aus ihrem Loch heraus, und die mutige Maus brachte sich schnell wie der Blitz in Sicherheit. Die Schlange versuchte, sie zu fangen, aber mit ihrem vollen Bauch war sie einfach zu langsam. Daher machte sie kehrt und versuchte erneut, in ihrem Loch zu verschwinden. Und wie beim ersten Mal biß die kleine Maus kräftig in den Schwanz der Schlange. Und jedes Mal, wenn die Schlange in ihrem Bau verschwinden wollte, griff die Maus sie erneut an; und immer, wenn die Schlange wieder herauskam, rannte die Maus weg. Das ging so eine Weile, bis die Schlange genug davon hatte. Sie spuckte die tote Maus einfach auf den Boden und verschwand dann in ihrem Loch. Die zweite Maus kam herbei und weinte über den toten Freund. Sie quiekte herzzerreißend und packte den kleinen toten Körper ihres Freundes mit dem Schnäuzchen und schleppte ihn weg, um ihn irgendwo in der Erde des Feldes zu begraben. Und lange Zeit war der zweiten Maus überhaupt nicht nach Spielen und Lustigsein zumute. Aber als das Getreide höher heranwuchs, als die Rüben kräftig und dick geworden waren und als die Sommersonne alles immer wieder so schön erwärmte, da merkte die treue Maus, daß für sie jetzt ein neuer Abschnitt in ihrem Leben beginnen würde.

Und jetzt könnt ihr die Augen langsam wieder öffnen und euch auf eurem Platz ein wenig bewegen.

Könnt ihr mir zeigen, wie sich die kleinen Mäuse bewegen, wenn sie spielen?... Lauft auf Händen und Füßen ganz schnell von einer Ecke in die andere... Jetzt laufen alle Mäuse ganz schnell her zu mir und bilden einen Kreis um mich. Könnt ihr mir jetzt zeigen, wie eine kleine Maus auf den Hinterbeinen sitzt und sich nur auf den Schwanz stützt?... Und zeigt mir nun, wie eine Maus ihren Kopf bewegt. Wie hält die Maus ihren Kopf, wenn sie ganz aufmerksam ist?... Zeigt mir nun, wie das ist, wenn eine Maus läuft und plötzlich einen Riesenschreck bekommt und plötzlich stoppt...

Und zeigt mir jetzt, wie sich die große, schwarze Schlange bewegt. Windet euch auf eurem Bauch herum, ganz lautlos,... und spürt, wie kräftig ihr seid... Und könnt ihr mir zeigen, wie die Schlange ihren Kopf hält, ehe sie sich auf ihre Beute stürzt?... Und könnt ihr mir zeigen, wie die Schlange die Maus hinunterwürgt?... Wie bewegt sich die Schlange, wenn sie die Maus im Magen hat?... Ja, vielen Dank, jetzt laßt uns miteinander besprechen, wie wir die ganze Geschichte spielen und uns dazu bewegen können. (Lassen Sie die Kinder wieder ihre Rollen wählen. Wer keine Tierrolle erhält, kann Teil der Szenerie werden.

Wenn die Kinder selbständig genug sind, können Sie sie nachher auch in mehreren kleinen Gruppen parallel spielen lassen. Legen Sie mit den Kindern genau fest, womit das Spiel anfängt und womit es enden soll.)

### Auswertung

- Was gefällt dir an den Mäusen dieser Geschichte?
- Welche Erlebnisse hast du mit Mäusen gehabt?
- Was weißt du über Mäuse?
- Was gefällt dir an Schlangen?
- Fürchtest du dich vor Schlangen?
- Welche Erfahrungen hast du mit Schlangen gemacht?
- Was weißt du über Schlangen?

# 7 Der Hase Hannibal

### Ziele

Der Hase ist ebenfalls ein Tier, das den Kindern in vieler Hinsicht gut bekannt ist. Sie können sich mit dem Hasen relativ leicht identifizieren. Seine Schnelligkeit und die Kunst des Hakenschlagens fasziniert die Kinder. Wir benutzen eine Phantasie, in der das Thema "Kompetenzerweiterung" eine große Rolle spielt, und machen den

Kindern auf diese Weise Mut, daß sie Dinge, die ihnen jetzt noch fehlen, nachlernen können im Leben. (Alter: ab 6 J.)

## Anleitung

Ich möchte euch eine kleine Geschichte von dem Hasen Hannibal erzählen. Setzt euch bequem hin, oder legt euch hin, so wie das vielleicht ein Hase machen würde, der sich ausruht. Und während ihr so ausruht, könnt ihr meine Worte vernehmen und euch alles das vorstellen, was euch interessiert.

Der Hase Hannibal lebte auf dem Feld. Er hatte eine Menge Geschwister, und die ganze Hasenfamilie war froh, daß es wieder soviel Klee und so zarte Kohlpflänzchen gab. In den frühen Morgenstunden hoppelte die Familie hinaus aufs Feld, um dort in aller Ruhe zu frühstücken. Manchmal gab eines der Tiere Alarm, z.B. wenn der Fuchs am Waldrand auftauchte oder wenn der Schatten des großen Bussards plötzlich sichtbar wurde. Dann rannte die ganze Hasengesellschaft blitzschnell weg und brachte sich in Sicherheit. Und der Hase Hannibal war eines der schnellsten Tiere. Er hatte nur ein Problem, er hatte es noch nicht gelernt, einen Haken zu schlagen. Und voller Sorge sagten die Eltern zueinander: "Was ist nur mit Hannibal, geradeaus laufen kann er schon wie ein Meister, aber er behält immer dieselbe Richtung bei, er kann einfach nicht blitzschnell abbiegen. Was ist ein Hase, der keine Haken schlagen kann? Er kann leicht einmal die Beute vom Fuchs oder vom Hund des Jägers werden." Die Sorgen der Eltern waren nicht unbegründet. Einmal tauchte der Hund des Jägers auf und fing an, Hannibal zu hetzen. Hannibal rannte aus Leibeskräften immer geradeaus. Er sah nicht nach links, und er sah nicht nach rechts, er lief um sein Leben. Der Hund kam immer dichter heran, und dem Hasenvater blieb nichts anderes übrig, als dazwischen zu laufen und den Hund abzulenken.

Die Eltern waren ratlos. Was sollten sie tun? Sie schickten den Hasen Hannibal in den Wald, wo der alte Rabenzauberer lebte. Hannibal sollte den Raben um Rat fragen. Tief im Wald saß der alte Rabe, und er sprach zu Hannibal: "Du bist ein tüchtiger, schneller Hase, und du hast schon viel gelernt. Wenn du besonders guten Klee findest, dann wechselst du mit deinen Geschwistern beim Fressen ab, damit sie auch ihren Anteil bekommen... Wenn ihr eine besonders schöne Schlafmulde gefunden habt, dann wechselst du mit den anderen Tieren aus der Familie ab, so daß jede Nacht ein anderes Tier an diesem besonderen Platz schlafen kann. Du wechselst auch mit den anderen ab, wenn beim Fressen einer von euch Wache halten muß. Und wenn du nun läufst, dann hälst du deinen Kopf immer gerade und blickst nach vorn. Warum wechselst du nicht auch hier ab und drehst den Kopf mal nach links, mal nach rechts?" Und Hannibal war verwundert. Er merkte sich die Worte mit dem Abwechseln, und als er das nächste Mal rannte, da drehte er den Kopf zuerst nach links, und es war wunderbar. Er wechselte blitzschnell die Richtung, und er hatte seinen ersten Haken geschlagen. Da freute sich die ganze Hasenfamilie, und alle erhoben sich auf die Hinterbeine und vollführten einen Freudentanz...

Und jetzt könnt ihr die Augen wieder öffnen und euch ein wenig bewegen, die Hände, die Füße und den Kopf nach links und nach rechts.

Und könnt ihr mir nun zeigen, wie das ist, wenn ein Hase hoppelt? Und hoppelt alle von mir weg... Hoppelt nun alle zu mir. Schaut mich an, und sitzt auf euren Hinterbeinen. Könnt ihr mir zeigen, wie der Hase seinen Kopf hält? Und nach links schaut... und nach rechts schaut... und geradeaus schaut...? Und könnt ihr mir auch zeigen, wie der Hase seine Nase bewegt... und wie das ist, wenn der Hase mit seinen schönen, großen Zähnen z.B. eine Mohrrübe frißt?... Ich werde jedem von euch eine kleine Mohrrübe in die Vorderpfoten legen, und ihr könnt mir zeigen, wie ihr diese saftige Mohrrübe mümmelt... (Gehen Sie herum, und geben Sie jedem Kind diese imaginäre Mohrrübe...) Nun seid ihr gestärkt und könnt mir zeigen, wie der Hase Haken schlägt. Zeigt es mir, indem ihr ganz schnell auf euren Füßen im Raum herumlauft und dann die Richtung wechselt... Und wie würde es aussehen, wenn ein Hase einen Freudentanz vollführt? Könnt ihr mir das zeigen?

Nun zeigt mir, wie ein großer alter Rabe still auf einem großen Ast sitzt. Wie bewegt der Rabe seinen Kopf?... Und zeigt mir, wie sich der Hund des Jägers bewegt...

Und nun laßt uns beraten, wie wir die ganze Geschichte vom Hasen Hannibal gleich spielen können... (Lassen Sie die Kinder wieder Rollen wählen, und sorgen Sie dafür, daß auch die Szenerie passend verkörpert wird, Büsche, Bäume, Klee, Kohlpflanzen usw.; und definieren Sie einen klaren Beginn und ein klares Ende der Szene.)

### Auswertung

- Was gefällt mir am Hasen Hannibal?
- Was weiß ich über Hasen?
- Was habe ich mit Hasen schon erlebt?
- Was möchte ich selbst als nächstes lernen?

# 8 Anna und der Kanarienvogel

### Ziele

Vögel begeistern Kinder vor allem durch ihre Fähigkeit zu fliegen. Das ist etwas Besonderes, was das Kind nur in seiner Phantasie nachahmen kann. Und auch für Kinder verkörpern Vögel sehr oft so etwas wie den eigenen Wunsch nach Unabhängigkeit und Freiheit, und wir benutzen diesen Zusammenhang im Rahmen einer kleinen Geschichte, die darüber hinaus auch noch das Thema der Rechte von Tieren in unaufdringlicher Weise ins Spiel bringt. (Alter: ab 6 J.)

## Anleitung

Ich möchte euch heute eine kleine Geschichte von einem Kind und seinem Kanarienvogel erzählen. Setzt oder legt euch bequem hin, und schließt vielleicht wieder die Augen, so daß ihr euch gut vorstellen könnt, was ich gleich erzählen werde.

Anna war ein kleines Mädchen, das oft allein zu Hause war. Die Eltern arbeiteten beide. Wenn Anna ihre Schularbeiten gemacht hatte, mußte sie allein entscheiden, was sie als nächstes tun wollte: zum Spielplatz gehen, eine Freundin besuchen oder für die Großmutter Einkäufe besorgen. Die Eltern wollten Anna eine Freude machen und ihr einen Gefährten geben. Darum schenkten sie Anna zum Geburtstag einen Kanarienvogel. Zuerst war Anna ganz begeistert. Der Vogel saß in seinem kleinen Bauer und sprang von Stange zu Stange hin und her. Er fraß die kleinen Körner, die Anna ihm jeden Morgen in den Schnabel gab, er trank aus dem Wassernapf, und wenn die Sonne schien, fing er an zu singen. Anna hörte diesen Gesang des Kanarienvogels, und sie freute sich, wenn ihr gelber Freund so lustig sein konnte. Aber eines Tages verstummte der Vogel. Er fraß seine Körner nicht mehr, blieb still auf der Stange sitzen. Anna wurde sehr traurig. Sie dachte nach und überlegte, ob sie den Kanarienvogel zum Tierarzt tragen sollte. Immer wieder schaute sie in den Käfig. Plötzlich sah sie auf dem Sand des Bodens eine große gelbe Feder vom Flügel des Vogels. Da fiel Anna ein: "Vögel wollen fliegen!" Sie wurde ganz ernst und dachte: "Das Bauer ist wirklich zu eng für dich, du brauchst mehr Platz, du mußt richtig fliegen können." Sie ging zum Fenster und stellte das Vogelbauer auf die Fensterbank und öffnete die kleine Tür. Der Kanarienvogel hüpfte an den Ausgang des Käfigs und flog nach draußen. Bald konnte sie ihn nicht mehr sehen, und sie sagte zu sich selbst: "Wie schön ist es doch, sich so frei bewegen zu können." Und sie rannte nach draußen auf den Spielplatz zu ihren Freunden...

Und ihr könnt die Augen wieder öffnen und ein wenig Arme und Füße bewegen. Und stellt euch jetzt hin... Breitet die Arme aus. Könnt ihr mir zeigen, wie ein Vogel die Flügel ausbreitet, wenn er losfliegen möchte?... Und könnt ihr mir zeigen, wie ein Vogel die Flügel wieder zusammenlegt?... Laßt den einen Arm runtergleiten und dann den anderen...

Und könnt ihr mir zeigen, wie das ist, wenn ein Vogel auf einem Zweig sitzt und ein wenig mit seinem Körper wippt? Nun zeigt mir, wie ein Vogel durch die Luft gleitet, wie er hinaufgleitet und hinabgleitet mit weit ausgestreckten Armen?...

Und nun gleitet alle her zu mir, und stellt euch um mich herum. Zeigt mir, wie ein Vogel Körner aufpickt,... und zeigt mir, wie der Vogel sich bewegt, wenn er sich in einer Vogeltränke badet,... und zeigt mir, wie er das Wasser von den Federn schüttelt... Ja, gut so. Und nun zeigt mir, wie ein Vogel hüpft, hüpft und stoppt... Stoppt dreimal... Zeigt mir, wie der Vogel seinen Kopf wendet, wenn er plötzlich ein Geräusch hört,... und nun zeigt mir, wie ein Vogel zweimal nach vorne hüpft und einmal zurück. Und nun laßt den Vogel zweimal nach links hüpfen und dreimal nach rechts... Und nun wollen wir darüber beraten, wie ihr gleich die Geschichte von Anna und dem Kanarienvogel spielen könnt. (Lassen Sie diesmal die Kinder in Paaren spielen, ein Kind ist Anna und das andere Kind der Kanarienvogel. Legen Sie wiederum fest, womit die Szene beginnt und womit sie definitiv enden soll.)

## Auswertung

- Könnt ihr verstehen, was Anna getan hat?
- Was werden Annas Eltern sagen?
- Welche Rechte haben Tiere?
- Was wißt ihr über Kanarienvögel?

✤ Was habt ihr schon mit Vögeln erlebt?
✤ Fühlst du dich manchmal wie ein Vogel?

# 9
# Protest der Tiere

## Ziele

Die Kinder können eine Menge unterschiedlicher Bewegungsmuster erproben, wie sie bei wilden Tieren vorkommen. Die Geschichte betont die Rechte der Tiere auf Freiheit und Integrität. (Alter: ab 6 J.)

## Anleitung

Ich möchte euch eine Geschichte von den wilden Tieren im Zoo erzählen. Setzt euch bequem hin, und wenn ihr mögt, schließt die Augen. Dann wird es für euch leichter sein, die Einzelheiten der Geschichte zu erleben.

Es war einmal ein großer zoologischer Garten. Dort lebten die Tiere in Käfigen und in Freigehegen. Sie wurden auch gut gefüttert von ihren Wärtern. Jeden Tag kamen Besucher. Es waren viele Kinder dabei, die manchmal staunten, wie interessant die wilden Tiere anzusehen waren. Doch die Tiere waren nicht so zufrieden, wie man glauben konnte. Sie hatten zwar geheizte Ställe und ausreichend Futter, aber sie waren gefangen, und sie durften nicht dort leben, wo sie hingehörten. So wurden sie immer unzufriedener. Von Stall zu Stall und von Freigehege zu Freigehege riefen sie sich zu: "Wir wollen hier raus, wir wollen frei sein." Eines Tages hatte ein Wärter vergessen, das Affenhaus zu verschließen. Die Schimpansen bemerkten das. Sie verließen ihren Käfig und liefen überall im Zoo herum. In den frühen Morgenstunden öffneten sie all die Ställe und Türen, so daß sich alle Tiere auf einer großen Wiese versammeln konnten. Sie wurden ganz aufgeregt, und ein Elefant fuchtelte mit seinem Rüssel energisch in der Luft herum und rief laut: "Laßt uns zum Bürgermeister gehen und ihm sagen, was wir wollen!" All die anderen Tiere spendeten dem Elefanten Beifall. Sie bildeten einen langen Demonstrationszug, der durch die stillen Straßen zum Rathaus zog. Die Tiere gingen die vielen Treppen empor und öffneten die Saaltür, wo der Rat der Stadt eine Sitzung abhielt. Der Elefant trat ans Mikrofon, ergriff es mit den Rüssel und begann eine ernste Rede mit den Worten: "Es ist nicht recht, daß ihr die Tiere im Zoo gefangen haltet."... Und immer wieder klatschten die anderen Tiere Beifall, als der Elefant Punkt für Punkt seine Beschwerde vorbrachte. Und der Bürgermeister und die Ratsherren wurden ganz rot als sie hören mußten, wie unzufrieden die Tiere waren...

Und nun könnt ihr die Augen wieder öffnen und Füßc und Hände ein wenig bewegen. Steht bitte auf, und zeigt mir, wie sich die einzelnen Tiere wohl im Zoo bewegen. Stellt euch irgendwo hin, wo ihr genügend Platz habt,... und zeigt mir, wie sich eine Riesenschlange bewegt... Ja, rollt euch ganz eng zusammen und streckt euch dann plötzlich aus... Und nun macht einmal meine Schlangenbewegungen nach. (Zeigen Sie den Kindern einige Schlangenbewegungen, die Ihnen persönlich einfallen.) Und zeigt mir bitte, wie sich der braune Bär im Käfig bewegt, wenn er durch die Zuschauer vor sich hindurchsieht... Ja, schwingt den Körper nach links und nach rechts, von einem Fuß auf den anderen,... und streckt euch nach oben aus, und laßt den Körper wieder zusammenfallen... Macht das dreimal.

Und zeigt mir jetzt, wie der Wolf unruhig von links nach rechts läuft und von rechts nach links.

Und nun zeigt mir, wie die Giraffe in einem Freigehege steht, den Hals weit aufgereckt, und wie sich ihr Kopf langsam nach der einen Seite dreht und nach der anderen.

Und nun zeigt mir, was ein aufgeregter Affe tut. Klatscht über dem Kopf in die Hände,... trommelt mit den Fäusten auf den Boden,... klatscht wieder über dem Kopf in die Hände, und trommelt euch jetzt auf die Brust...

Und nun zeigt mir, wie sich der Tiger im Freigehege bewegt. Nehmt eine geduckte Stellung ein und zeigt mir, wie sich ein Tiger nach dem Schlaf reckt und streckt... Wälzt euch auf dem Rücken und streckt Arme und Beine in die Luft.

Und nun zeigt mir, wie ein großer Raubvogel von seinem Platz auf einem abgestorbenen Baum sich herabfallen läßt, um ein Stück Fleisch zu fressen, das in den Käfig geworfen wurde. Laßt euch ein paarmal von oben nach unten herunterfallen.

Nun zeigt mir, wie ein Seehund durch das Wasser schwimmt. Wie biegt er seinen Körper, und wie hält er seinen Kopf dabei?

Nun zeigt mir, wie ein dicker See-Elefant aus dem Wasser steigt und die Zuschauer ansieht. Stützt euch auf eure Hände rechts und links vor der Brust, die Füße zusammen. Schaut die Leute an, und schüttelt euch das Wasser aus dem Fell...

Zeigt mir, wie ein großer Elefant ruhig dasteht und von einem Fuß auf den anderen tritt, links und rechts und links und rechts.

Und nun zeigt mir, wie das Stachelschwein plötzlich seine langen Stacheln aufrichtet, und laßt blitzschnell eure Hände nach allen Seiten hinausschießen, und wiederholt das ganz schnell, denn ihr habt ja soviele lange Stacheln...

Welche Tiere wollt ihr mir noch zeigen?...

Laßt uns jetzt beraten, wie wir vorgehen können, wenn wir gleich die Geschichte spielen. (Lassen Sie die Kinder eine interessante Rolle wählen: Tiere und Zoobesucher, Wärter und Ratsherren, und legen Sie Beginn und Ende der Szene fest. In diesem Falle kann es passend sein, wenn der Elefant im Rathaus seine Rede nicht nur mimisch vorträgt, sondern dazu auch spricht.)

## Auswertung

- ✤ Welche Tiere interessieren mich im Zoo am meisten?
- ✤ Haben wir ein Recht, Tiere im Zoo zu halten?
- ✤ Woran kann man merken, wenn sich Tiere im Zoo nicht wohlfühlen?
- ✤ Geht es den Tieren in der Wildnis besser als im Zoo?
- ✤ Wer setzt sich heute für die Rechte der Tiere ein?
- ✤ Kennt ihr Leute, die sich für wilde Tiere einsetzen?

# 10 Der Hund Fundi

## Ziele

Manche Kinder haben Angst vor großen Hunden. Sie verstehen deren Reaktionsweisen nicht recht und erschrecken vor Gebell und den spontanen Bewegungen des Hundes. Im Rahmen dieser Geschichte können die Kinder einen Hund von seiner besten Seite kennenlernen, nämlich als Spielkamerad und Beschützer des Kindes. (Alter: ab 6 J.)

## Anleitung

Ich möchte euch eine Geschichte erzählen von einem großen, treuen Hund. Legt euch bequem hin, damit ihr euch alles gut vorstellen könnt. Wenn ihr wollt, könnt ihr dabei die Augen schließen. Es war einmal ein großer, schwarzer Hund, ein Neufundländer. Diese Hunde haben ein dichtes schwarzes Fell. Zwischen den Zehen ihrer Füße haben sie kleine Schwimmhäute. Und für ihr Leben gern baden diese Hunde in jedem Wasser, was sie entdecken können. Unser Hund hörte auf den Namen "Fundi". Er lebte mit einer Familie, die mehrere kleine Kinder hatte. Das Jüngste dieser Kinder hieß Kilian. Kilian war vier Jahre alt und ein neugieriges Kind. Oft verließ Kilian das Grundstück seiner Eltern und spazierte durch die Straßen. Dann lief Fundi wie ein guter Freund neben ihm her.

Im Winter fror der kleine Teich im Garten manchmal zu. Dann bildete sich auf dem Wasser eine Eisschicht. Einmal spielte Kilian im verschneiten Garten, formte aus dem weichen Schnee kleine und große Schneekugeln. Doch bald wurde ihm das langweilig. Er ging an den Teich. Die Eltern hatten gesagt: "Geh nicht auf das Eis, es ist noch zu dünn." Aber Kilian wußte, daß die Eltern manchmal recht ängstlich waren, und er sagte zu sich selbst: "Ich will es ausprobieren." Er hielt die Luft an als er ängstlich und mutig zugleich hinaus auf das Eis trat. Und richtig, das Eis trug sein leichtes Gewicht zunächst ohne Schwierigkeit. Und Kilian wurde immer mutiger. Er ging in die Mitte des Eises und an die Ränder und testete überall die Tragfähigkeit des Eises. Und plötzlich bricht Kilian ein, zuerst mit einem Bein und dann mit dem anderen. Langsam, langsam versinkt er im Wasser des Teiches. Im letzten Augenblick hat er gerade noch Zeit, um Hilfe zu rufen, und er ruft laut: "Fundi!" Der Neufundländer, der wie ein großer schwarzer Fleck im Schnee des Gartens gelegen hatte, springt auf wie der Blitz. In ein paar riesigen Sätzen ist er am Teich und springt in das kleine Loch, das Kilian in das Eis gebrochen hat. Der Hund taucht hinab, und zum Glück kann er den Jungen gleich am Arm packen. Er schiebt ihn in die Höhe und zieht ihn dann hinter sich aus dem Wasser heraus. Vorsichtig legt er ihn dann auf die Erde. Dann springt er wie ein schwarzes, nasses Gespenst zum Haus und bellt, bis die Eltern aus der Tür kommen. Sie laufen zum Teich und finden Kilian. Die Mutter nimmt Kilian auf den Arm und läuft mit ihm ins Haus und versucht, Kilians Atmung wieder in Gang zu bringen. Zum Glück schlägt Kilian nach kurzer Zeit die Augen wieder auf. Die ersten Worte, die er sagt, sind: "Fundi ist doch gekommen!"...

Jetzt könnt ihr die Augen wieder öffnen und die Hände und die Füße ein wenig bewegen. Steht bitte auf, und zeigt mir, wie der schwarze Neufundländer ruhig dasitzt, wenn er Kilian beim Spielen zuschaut...

Und nun zeigt mir, wie sich der Hund schüttelt, wenn er aus dem Wasser kommt. Schüttelt all das Wasser aus eurem Fell, schüttelt, schüttelt, schüttelt ...

Und könnt ihr euch auch schütteln, wenn ihr hoch in die Luft springt? Zeigt mir, wie ihr dann eure Füße schüttelt.

Und zeigt mir, wie der Hund läuft und an einer anderen Stelle plötzlich anhält.

Lauft herum und haltet irgendwo plötzlich, spitzt die Ohren und horcht... Was könnt ihr hören?...

Jetzt möchte ich, daß die Hälfte von euch zu mir kommt, und die andere Hälfte geht dort drüben an die Wand. Zeigt mir, wie das ist, wenn ein Hund schläft... Nun zeigt mir, wie ihr euch bewegt, wenn ihr aufwacht. Reckt euch und schüttelt euch... Und nun zeigt mir, wie das ist, wenn ihr übermütig herumlauft. Lauft in verschiedene Richtungen, springt in die Luft, und wechselt plötzlich die Richtung. Nun legt euch hin und ruht euch aus, und die Kinder, die bei mir sind, können mir zeigen, wie sie aufwachen... Legt euch auf den Rücken, und streckt alle viere in die Luft... Und nun schüttelt euch, die Beine und Arme... Nun zeigt mir alle, wie der Neufundländer im Wasser schwimmt und wie er die Pfoten mit den Schwimmhäuten dabei einsetzt...

Jetzt laßt uns beraten, wie wir die Geschichte gleich spielen können. (Wenn die Kinder genug Übung haben, können Sie die Geschichte parallel in mehreren kleinen Gruppen realisieren lassen, nachdem Anfang und Ende der Szene festgelegt worden sind. Einzelne kritische Situationen können vorher in ihrem Bewegungsablauf im Plenum studiert werden, z.B. das Gehen auf dem Eis, das Einbrechen im Eis, der Sprung des Hundes in das aufgebrochene Eis, die Wiederbelebungsaktion der Mutter usw.)

### Auswertung

- Was hast du selbst schon mit Hunden erlebt?
- Woran merke ich, ob ich einem Hund trauen kann?
- Welche Hunde passen in die Stadt, welche passen aufs Land?
- Kennt ihr Geschichten von treuen Hunden?
- Möchtest du selbst einmal einen Hund haben?

# 11 Die Katze

### Ziele

Katzen sind sehr schöne Symbole. Noch stärker als Hunde vermitteln sie eine Ahnung von den Qualitäten, die das Kind im Heranwachsen sich aneignen muß: geistige Unabhängigkeit, Übersicht, Entschlossenheit und Mut. Es ist nicht so sehr das weiche Fell, das die Katze für Kinder so attraktiv macht. Viel eher reizt die Tatsache, daß die Katze nur halb domestiziert ist und viel von den natürlichen Qualitäten des Wildtieres behalten hat. Im Verhalten ist sie viel "erwachsener" als ein Hund.

In diesem Experiment kommen wir von den Bewegungen der Katze zu einem kleinen Gedicht, das die Kinder gemeinsam produzieren, und von da dann zum dynamischen Spiel. (Alter: ab 8 J.)

## Anleitung

Ich möchte, daß ihr mir gleich zeigt, wie sich eine Katze bewegt. Könnt ihr mir zuerst zeigen, wie die Katze geht, wenn sie nichts Besonderes vorhat, wenn sie einfach von einem Platz zum anderen gehen möchte?...

Bleibt auf eurem Platz stehen, und laßt euch auf den Boden nieder, auf Hände und Füße. Könnt ihr mir zeigen, wie die Katze einen Katzenbuckel macht?... Gut so!...

Jetzt zeigt mir, wie die Katze beim Schlafen liegt... Laßt die Katze dann aufwachen, sich recken und strecken und ihren Buckel machen. Zeigt mir das dreimal.

Nun möchte ich, daß alle Katzen etwas schläfrig zu mir sehen... Setzt euch auf die Hinterbeine, und hebt euren Katzenkopf, und schaut mich an. Ich werde gleich herumgehen und jeder Katze über das Fell streichen...

Und nun stellt euch aufrecht hin und zeigt mir, wie schnell eine Katze laufen und dann plötzlich anhalten kann... Lauft ganz schnell los, und haltet plötzlich an. Macht das dreimal...

Und jetzt zeigt mir, wie eine Katze losspringt, wenn sie irgendein Tier fangen möchte. Denkt daran, daß die Katze zuerst ganz aufmerksam schaut und ganz bewegungslos ist. Nur ihre Schwanzspitze bewegt sich vorsichtig hin und her, bis sie plötzlich losspringt, die Vorderpfoten weit nach vorn gestreckt. Beginnt stehend und beendet euren Sprung unten am Boden, die Hände auf dem Fußboden. Zeigt mir das ein paarmal...

Und nun zeigt mir bitte, was eine Katze tut, wenn sie einem Hund gegenübersteht. Macht dazu auch die Geräusche, mit denen die Katze sich dann wehrt...

Nun zeigt mir, wie eine Katze blitzschnell einen Baum hinaufklettern kann...

Und zum Schluß zeigt mir, wie sich eine Katze bewegt, und welche Töne sie macht, wenn sie von Menschen Futter bekommen möchte...

Kommt her zu mir, und sagt mir in der Katzensprache, daß ihr gefüttert werden möchtet...

Und nun laßt uns zusammen ein kleines Gedicht schreiben. Wir geben dem Gedicht den Titel "Die Katze", und in jeder Zeile sagen wir etwas anderes Interessantes über die Katze, was die Katze am Tage und in der Nacht tut. Und jede Zeile beginnt immer auf dieselbe Weise, nämlich mit "Die Katze"... Und ich werde das Gedicht an die Tafel schreiben. (Je nach Phantasie der Kinder kann das Gedicht sechs bis acht Zeilen umfassen, wobei es nicht nötig ist, daß sich die Zeilen reimen. Animieren Sie die Kinder bitte, möglichst viele Verben zu benutzen, die die Aktionen der Katze plastisch beschreiben. Beraten Sie anschließend mit den Kindern, wie sie die einzelnen in dem Gedicht enthaltenen Aussagen durch dynamisches Spiel interpretieren können.)

## Auswertung

- ✤ Was mag ich an Katzen am liebsten?
- ✤ Kenne ich Menschen, die wie Katzen sind?
- ✤ Welche Geschichten oder Bücher von Katzen kenne ich?
- ✤ Was weiß ich über Katzen?
- ✤ Kenne ich Kinder, die eine Katze im Haus haben?

# 12 Das Krokodil und der Jäger

## Ziele

Die Kinder können hier üben, sich auch mit einem Tier zu identifizieren, das nicht von vornherein dazu prädestiniert ist, unsere Sympathie zu gewinnen. Aber im allgemeinen ist es leicht für die Kinder, auch einem Krokodil ihr Herz zu schenken. Die Kinder können die Einsamkeit des Krokodils nachempfinden, und vielleicht beneiden sie das Krokodil um seine Zähigkeit, um seine entschlossene Kraft und um den Respekt, den dieses Tier einfach dadurch auslöst, daß es sein großes, großes Maul so weit öffnen kann. (Alter: ab 8 J.)

## Anleitung

Ich möchte, daß wir uns heute vorstellen, was ein Krokodil alles erleben kann. Legt euch bitte auf den Boden, die Arme nach vorne gestreckt und die Beine etwas auseinander wie ein Krokodil. Seid ein Krokodil am Ufer, das auf dem warmen Sand liegt und die Sonne genießt, die ihm den Rücken wärmt...

Jetzt hebt ein wenig den Kopf und öffnet euer schreckliches Maul. Bewegt den Unterkiefer von links nach rechts und von rechts nach links, und macht das ein paarmal.

Könnt ihr mir jetzt zeigen, wie das Krokodil vom Ufer langsam zum Wasser geht? Zeigt mir, wie es den Körper mit jedem Schritt windet, nach links, nach rechts, nach links, nach rechts... Laßt den Bauch auf dem Boden schleifen, und krabbelt ganz langsam ins Wasser...

Und nun stellt euch hin, und zeigt mir, wie das Krokodil durch das Wasser schwimmt und wie es vor allem von seinem mächtigen Schwanz vorwärts getrieben wird und lautlos durch die Fluten gleitet, und nur die Stirn und die kleinen Augen schauen aus dem Wasser heraus. Und auch dabei macht das Krokodil diese kleinen Bewegungen, mit denen es sich durch das Wasser windet...

Zeigt mir, wie das Krokodil bewegungslos im Wasser liegt. Legt euch auf den Boden, und hebt den Kopf leicht an und haltet euer Maul geöffnet. Ihr wartet auf eine Beute... Könnt ihr ganz bewegungslos sein?...

Nun zeigt mir, wie das Krokodil seine Beute schnappt, vielleicht eine Antilope oder das Kalb von einem Büffel oder irgendein anderes Tier, das das Krokodil sattmachen kann...

Zeigt mir nun, wie ein zahmes Krokodil gefüttert werden möchte... Krabbelt langsam zu mir und öffnet euer Maul. Ich habe ein paar Eimer mit frischen Fischen, mit denen ich euch füttern will. Ich lege jedem Krokodil einen Fisch auf die lange Nase...

Steht bitte auf, schüttelt Arme und Beine aus, und stellt euch vor, daß ihr ein Jäger seid, der ein Krokodil schießen möchte. Und zeigt mir, wie der Jäger durch den Wald schleicht, durch die Büsche am Ufer, ohne ein Geräusch zu machen... Zeigt mir, wie der Jäger sich duckt und wie er seine Füße vorsichtig setzt, um keinen Ast zu zerbrechen...

Nun zeigt mir, wie der Jäger am Ufer des Flusses steht und das Wasser absucht, ob er wohl ein Krokodil entdecken kann... Zeigt mir, wie der Jäger sich ganz langsam bewegt und wie er den Kopf dabei hält, wenn er genau beobachtet...

Und jetzt zeigt mir, wie der Jäger sein Gewehr hält und zielt... Laßt das Gewehr langsam runtersinken, zeigt mir, wie der Jäger enttäuscht ist, weil das Krokodil plötzlich verschwunden ist...

Stellt euch vor, daß das alte erfahrene Krokodil den Jäger längst bemerkt hat und daß es zu sich selbst gesagt hat: "Ich möchte noch weiterleben, Jäger, du sollst mich nicht treffen." Und da ist das Krokodil einfach weggetaucht.

Und setzt euch wieder an euren Platz, und wir können gemeinsam die Gedanken des Krokodils herausfinden und uns vorstellen, daß das Krokodil dem Jäger einen Brief schreibt. Und ich werde den Brief an die Tafel schreiben, und ihr könnt mir sagen, was in dem Brief alles stehen soll...

### Auswertung

- Was wißt ihr vom Krokodil?
- Welche Geschichten kennt ihr, in denen Krokodile vorkommen?
- Was gefällt dir am Krokodil?
- Was weißt du von Jägern?
- Kennst du einen Jäger?
- Was denkst du über die Jäger?

# 13
# Riesendrachen

### Ziele

Drachen faszinieren Kinder wie ihre "Artverwandten", die Saurier. Sie sind eine gute Projektionsmöglichkeit für all die unheimlichen Vorgänge im eigenen Inneren und nicht zuletzt für den eigenen "gigantischen" Entwicklungsprozeß, den das Kind erlebt. Die kleine Geschichte, die hier erzählt wird, spielt auf das Thema der eigenen Entwicklung an und stellt die Thematik in einen beruhigenden Rahmen. (Alter: ab 8 J.)

## Anleitung

Ich möchte euch eine Geschichte von einem sehr, sehr großen Drachen erzählen. Setzt euch bequem hin, vielleicht so, daß ihr es gut aushalten könnt, wenn es etwas gruselig wird. Und wenn ihr wollt, schließt die Augen, damit ihr euch alles gut vorstellen könnt.

Es war einmal ein kleiner Drache, der lebte mit seinen Eltern in einer riesigen Drachenhöhle in einem großen Berg. Solange der Drache klein war, fütterten ihn die Eltern mit den besten Dingen, die sie finden konnten. Der Drache wurde immer größer. Er wurde so groß, daß er nicht mehr in die Drachenhöhle der Eltern hineinpaßte. Sein Kopf stieß an die Decke, und er mußte sich ganz zusammenziehen, wenn er die Höhle betreten wollte. Und eines Tages sagte der junge Drache zu den Eltern: "Es ist mir hier viel zu eng geworden, ich will lieber im Wald leben, dort kann ich aufrecht stehen und gehen, ich fühle mich dort viel freier." Und er sagte den Eltern: "Auf Wiedersehen" und zog in die Welt. Seitdem lebte der Drache allein in einem weiten Wald. Seine Haut war inzwischen dunkelgrün geworden, und am allerliebsten aß er Waldbeeren, Pilze und Blätter. Eine Zeitlang machte sich der junge Drache Sorgen über seine Größe. Er war sehr beruhigt, als er eines Tages feststellte, daß er nicht mehr größer wurde. Manchmal wanderte er neugierig zu einem kleinen Dorf in der Nähe. Die Leute aus dem Dorf waren sehr erschrocken. Sie liefen weg und versteckten sich, bis der Drache enttäuscht wieder fortging. In Wirklichkeit war er ja ein friedlicher und freundlicher Drache, der einfach Anschluß suchte. Leute, mit denen er reden und vielleicht spielen könnte. Eines Tages blieb er mitten auf dem Marktplatz sitzen und weinte bitterlich. Große, große Drachentränen rollten herab und bildeten eine Pfütze vor seinen Füßen. Als die Leute das bemerkten, änderten sie ihre Meinung, und sie dachten, daß der Drache ihnen nichts Böses tun würde. Sie fingen an, mit dem Drachen zu sprechen, berührten seine merkwürdige Haut und kletterten auf ihm herum. Allmählich gewöhnte sich der Drache an die Leute, und die Leute gewöhnten sich an den Drachen. Und wenn es Winter wurde, dann blies der Drache seinen heißen Atem auf die Straßen des Dorfes und die Gehwege und taute den dicken Schnee ab. Und wenn einige arme Leute nichts mehr zu heizen hatten, dann blies er warme Luft in ihr Haus, so daß es dort ganz gemütlich warm wurde. Seitdem kommt der Drache immer wieder in das kleine Dorf. Und die Menschen freuen sich, und sie wissen auch, daß sie nun viel sicherer sind, denn ihre Feinde fürchten sich vor dem riesigen Drachen, weil sie nicht wissen können, daß der Drache so ein gutes Herz hat...

Und nun öffnet eure Augen, und bewegt ein wenig auch eure Hände und Füße...

Könnt ihr mir zeigen, wie der riesige Drache durch den Wald geht?...

Könnt ihr mir zeigen, wie der riesige Drache mit seinem heißen Atem den Schnee zum Schmelzen bringt oder ein Feuer anzünden kann?...

Nun zeigt mir bitte, wie der Drache traurig dasitzt, wenn die Leute Angst vor ihm haben und er sich einsam fühlt...

Und nun zeigt mir bitte, wie der Drache neugierig herumgeht, um zu sehen, was die Menschen im Dorf alles zu tun haben...

Nun zeigt mir, wie die Leute erschrocken stehenbleiben, als sie zum ersten Mal den Riesendrachen erblicken...

Und nun zeigt mir, wie die Leute erschreckt weglaufen und sich verstecken, um nicht von dem Riesendrachen erwischt zu werden...

Und jetzt laßt uns beraten, wie wir gleich die Geschichte vom Riesendrachen spielen können. (Sorgen Sie bitte wieder dafür, daß jedes Kind eine Rolle erhält und daß Beginn und Ende für die Szenenfolge definiert werden. Die Schlußszene könnte z.B. sein, daß die Dorfbewohner Holz und Reisig zu einem großen Osterfeuer auftürmen, das der Drache dann mit seinem Feueratem anzündet. Und alle tanzen gemeinsam um dieses Feuer herum.)

## Auswertung

- Welche Geschichten kenne ich von Drachen?
- Welche Tiere sind den Drachen besonders ähnlich?
- Kenne ich andere Tiere, die die Menschen für gefährlich oder böse halten und die in Wirklichkeit nützlich und wichtig sind?
- Kenne ich Menschen, die sich Sorgen darum machen, wie groß oder wie klein ihr Körper ist?
- Was würde ich tun, wenn ich so einen netten Drachen zum Freund hätte?

# 14
# Dinosaurier

## Ziele

Augenblicklich sind die Dinosaurier bei den Kindern noch populärer als die Drachen und vielleicht aus ähnlichen Gründen. Dieses Experiment ist so angelegt, daß Sie herausfinden können, was die Kinder Ihrer Gruppe an den Dinosauriern fasziniert. (Alter: ab 8 J.)

## Anleitung

Was haltet ihr davon, wenn wir heute eine ganze Menge Dinosaurier hierher in unseren Gruppenraum einladen? Jeder von euch hat schon Bilder von Dinosauriern gesehen. Jeder weiß, daß diese Tiere, die vor so langer Zeit auf der Erde lebten, sehr, sehr groß waren, riesengroß. Darum müßt ihr euch auch sehr groß machen, wenn ihr mir gleich zeigen werdet, wie sich die Dinosaurier bewegen.

Hockt euch auf den Boden, und dann richtet euch langsam und kräftig auf. Werdet so groß, wie ihr nur könnt, und dann sinkt wieder in euch zusammen, als ob ihr in das Wasser des Ozeans zurückkehrt. Und noch einmal. Taucht wieder auf, und werdet immer größer.

Könnt ihr eure Hände ganz in die Höhe strecken, wenn ihr euch erhebt? Welche anderen Teile eures Körpers könnt ihr in die Höhe strecken?

Reckt euch hoch in die Luft, und sinkt wieder nach unten, und macht das dreimal. Bringt verschiedene Teile eures Körpers nach oben, und macht daraus Bewegungen, die zusammenpassen... Und kommt jetzt mit einem Partner zusammen. Seid zwei Dinosaurier, die zusammen tanzen. Zeigt mir, wie die beiden riesigen Tiere zusammen aufsteigen und wieder runtersinken.

Nun zeigt mir allein, wie die riesigen Dinosaurier gehen, welche riesigen Schritte sie machen. Zeigt mir vier gewaltige Dinosaurierpranken.

Jetzt bleibt einen Augenblick still stehen. Geht nun als Dinosaurier mit noch größeren Bewegungen und streckt Arme und Beine weit aus. In welche Richtung wollt ihr gehen? Zeigt es mir...

Zeigt mir, daß ihr auch nach der Seite gehen könnt... Und könnt ihr auch nach der anderen Seite gehen? Und auch rückwärts?...

Manche Dinosaurier hatten riesige Stacheln, mit denen der ganze Körper bedeckt war. Könnt ihr mir zeigen, wie ein solcher stacheliger Dinosaurier aussieht?...

Und macht nun aus dem stacheligen Dinosaurier einen riesigen, platten Dinosaurier...

Kommt nun alle zu mir, und seid dabei wieder ein stacheliger Dinosaurier. Ja, das ist gut...

Nun versucht alle zusammen, ein einziger stacheliger Dinosaurier zu sein. Zeigt mir, wieviel Platz so ein riesiges Tier braucht...

Nun kommt bitte wieder zu eurem Platz, und laßt uns gemeinsam eine Geschichte ausdenken, in der ein Dinosaurier vorkommt. Ich werde die Geschichte an die Tafel schreiben, und nachher könnt ihr alle zusammen die Geschichte spielen. (Achten Sie bitte darauf, daß die einzelnen Komponenten der Geschichte möglichst handlungsorientiert sind (Was tut der Dinosaurier?), so daß die Kinder genügend Anreiz haben, die Geschichte lebendig darzustellen.)

### Auswertung

- Was wißt ihr von den Dinosauriern?
- Warum sind die Dinosaurier ausgestorben?
- Was interessiert dich an den Dinosauriern?
- Was würdest du tun, wenn dir auf der Straße ein Dinosaurier begegnen würde?
- Könnt ihr euch vorstellen, daß in vielen, vielen Jahren wieder Tiere auf der Erde leben, die den Dinosauriern ähnlich sind?

# 15 Tiere auf dem Mars

### Ziele

Hier können sich die Kinder verschiedene Phantasietiere ausdenken und sie mit ihren Bewegungen zum Leben erwecken. Stimuliert wird vor allem die geistige Schöpferkraft der Kinder und ihr Vermögen, aus vielen bekannten Informationen etwas Neues zu entwickeln. (Alter: ab 9 J.)

## Anleitung

Heute können wir etwas in der Art tun, was die Leute machen, die phantastische Bücher oder Filme herstellen. Wir können unsere Phantasie benutzen, um uns Tiere auszudenken. Diese können etwas an die Tiere erinnern, die wir kennen. Stellt euch vor, daß es auf dem Mars ganz merkwürdige Tiere gibt. Natürlich sehen diese Tiere ganz besonders aus. Sie bewegen sich auch auf besondere Weise. Gleich kann einer von euch anfangen und sich bewegen wie ein Tier vom Mars. Dieses Kind braucht nicht zu wissen, wie das Tier aussieht oder wie es heißen soll. Es zeigt uns nur die merkwürdigen Bewegungen des Tieres. Die anderen schauen genau zu und versuchen, das Tier zu beschreiben. Wir können z.B. sagen: "Dieses interessante Tier hat fünf Beine und ein langes zotteliges Fell. Und vorne aus der Stirn kommt ein langes Rohr heraus, und aus diesem Rohr kann das Tier Flammen schleudern", usw. Wenn jemandem dann ein Name einfällt für dieses Tier, kann er uns diesen Namen mitteilen... Wir werden uns ein paar Tiere ausdenken, die auf dem Mars leben könnten. Ich bin neugierig, was das wohl für Tiere sein werden...

(Anschließend können Sie diese Marstiere von den Kindern mit Ölkreiden zeichnen lassen.)

## Auswertung

- Gibt es auf der Erde noch Tiere, die von den Menschen noch nicht "entdeckt" sind?
- Glaubt ihr, daß auf anderen Planeten Leben existiert?
- Wißt ihr, wann es die ersten Tiere auf der Erde gab?
- Wie kommt es, daß Tiere aussterben, und daß neue Tiere dazukommen?
- Welches Tier wäre jetzt für die Erde "nützlich"?
- Welche "merkwürdigen" Tiere könnten einmal die Erde bevölkern?

# 16 Tiergesicht

## Ziele

Mit diesem Experiment knüpfen wir an das weiter entwickelte Abstraktionsvermögen älterer Kinder an, die sich vorstellen können, wie einem Tier zumute ist. Wir verzichten auf die Identifikation durch Körperbewegung und gehen gleich hinein in die Phantasie des Kindes. (Alter: ab 9 J.)

## Anleitung

Im Augenblick sehe ich all eure Gesichter, braune Augen und blaue Augen, lange Haare und kurze Haare, gerade Nasen und gebogene; ich sehe, wer den Mund leicht geöffnet hat, wer auf dem Bleistift kaut, wer mit seinen Haaren spielt usw. Und ich kann auch ahnen, was mancher von euch in seinem Kopfe denkt: "Wird das jetzt eine interessante Stunde oder eine langweilige?"...

Ich bin sicher, daß jeder von euch schon einmal das Gesicht eines Tieres betrachtet hat, z.B. das Gesicht seines Schmusetieres oder das Gesicht eines Vogels oder das Gesicht eines Löwen usw. Ohne es zu wissen, habt ihr doch versucht, die Gedanken dieses Tieres zu raten, seine Stimmung und seine Wünsche. Ich möchte, daß ihr gleich irgendein Tier auswählt, das für euch interessant ist oder das ihr irgendwie mögt. Malt auf ein Blatt Papier das Gesicht dieses Tieres. Malt einfach den Umriß des Tiergesichtes. Ihr könnt es ganz einfach malen. Und wenn ihr wollt, könnt ihr dem Tiergesicht auch einen besonderen Ausdruck geben, neugierig, vergnügt, traurig, erschrocken, wie ihr wollt. Malt das Gesicht so groß, daß man es von weitem erkennen kann... (Geben Sie den Kindern für diese Aufgabe ungefähr fünf Minuten Zeit.) Nun dreht eurer Blatt um, und schreibt auf die

Rückseite, was das Tier, das ihr gerade gemalt habt, denkt. Ungefähr so: "Ich bin eine kleine Katze im Zoo. Ich sitze im Käfig, und ich warte darauf, daß jemand mich kauft. Ich möchte zu einer Familie, in der die Kinder tierlieb sind. Ich habe etwas Angst, und am liebsten wäre ich noch bei meiner Katzenmutter."...

(Geben Sie den Kindern für diese Aufgabe ungefähr zehn Minuten Zeit. Lassen Sie nachher die Kinder die Gedanken des Tieres vorlesen und dabei das Blatt hoch vor ihr Gesicht halten, so daß die anderen Kinder auf das Tiergesicht blicken können.)

### Auswertung

- Was weißt du über das Tier, das du ausgewählt hast?
- Was magst du an diesem Tier?
- Wie könnt ihr herausfinden, was ein Tier denkt?
- Wie denken Tiere überhaupt?
- Können Menschen Tiere verstehen?
- Können Tiere Menschen verstehen?
- Sind Tiere "Sachen" oder was sonst?

# 17 Tier von außen, Tier von innen

### Ziele

Etwas ältere Kinder können sich in diesem Experiment auf ein Tier, das ihnen aus irgendeinem Grunde am Herzen liegt, einstellen und es aus zwei Perspektiven betrachten: Einmal eher objektiv mit einer "wisschenschaftlichen" Haltung und zum anderen mit all der Empathie, zu der ein Kind diesen Alters fähig ist. (Alter: ab 10 J.)

## Anleitung

Bitte tretet einen Augenblick an die Fenster des Raumes, und schaut hinaus. Seht euch draußen um, und wenn ihr irgendwo einen Busch oder einen Baum erblickt, dann schaut euch diese Pflanze von eurem Platz aus aufmerksam an. Bemerkt, wie groß die Pflanze ist, wie alt sie ist und in welchem Zustand. Und dann überlegt einen Augenblick, ob ihr glaubt, daß diese Pflanze irgendetwas empfinden kann... Wenn ich euch frage, ob ihr glaubt, daß z.B. ein Hund irgendetwas empfinden kann, was würdet ihr darauf wohl antworten?... Was kann eine Spinne empfinden? Vielleicht können all die Dinge in der Natur, Tiere und Pflanzen, sehr viel mehr empfinden, als wir manchmal glauben. Ihr könnt euch gleich irgendein Tier auswählen, das euch interessiert, über das ihr schon einmal nachgedacht habt, das euch vielleicht am Herzen liegt. Und nehmt ein Blatt Papier, und beschreibt das Tier auf der ersten Seite von außen: wie das Tier aussieht, wie es lebt, was seine Freunde und Feinde sind, wozu es nützlich ist, wie alt es wird, welche Dinge es gern hat, wovor es sich fürchtet usw. Und auf die zweite Seite schreibt ihr dann die Gedanken des Tieres: alles das, was das Tier über sein Leben denkt, seine Hoffnungen und Befürchtungen, wie es ihm gerade geht, was es sich wünscht usw. Wenn ihr die Gedanken des Tieres aufschreibt, dann könnt ihr in der Ich-Form schreiben, also z.B.: "Ich bin ein kleiner Spatz, ich mußte aus der Stadt weggehen, weil ich hier nichts mehr zu fressen finde, ich habe Heimweh nach den Straßen, in denen ich aufgewachsen bin." usw. Für beide Aufgaben habt ihr zwanzig Minuten Zeit. (Lassen Sie anschließend die Kinder mitteilen, welches Tier sie ausgewählt haben, dann sollten eine Reihe von Kindern ihre Arbeiten vorlesen.)

### Auswertung

- Was interessiert dich an dem Tier, das du ausgewählt hast?
- Für welche Tiere interessierst du dich?
- Für welche Tiere hast du dich früher interessiert?
- Wie könnt ihr herausfinden, was in einem Tier vorgeht?
- Gibt es wichtige und unwichtige Tiere?
- Warum sagen manche Leute, daß die Tiere unsere "Brüder und Schwestern" sind?

# 18 Unter Tieren aufwachsen

### Ziele

Die enge Verbindung des Menschen mit der Natur spiegelt sich in den Mythen wider, in denen ein Menschenkind von Tieren adoptiert wurde. Diese Thematik ist auch für unsere Kinder heute interessant. In diesem Experiment können sie ihre eigene Version aufschreiben. Die Aufgabenstellung berücksichtigt ebenso sehr die Abenteuerlust dieser Altersstufe wie ihre Naturliebe und Empathie. (Alter: ab 10 J.)

### Anleitung

Wer von euch ist schon einmal in richtiger Wildnis gewesen? Und woran habt ihr gemerkt, daß ihr in der Wildnis wart? Wildnis ist Natur, die der Mensch noch nicht gestaltet hat. In der Wildnis leben

Tiere und Pflanzen so zusammen, wie sie es in langen, langen Zeiten selbst herausgefunden haben. An einigen Stellen der Erde leben heute noch Menschen in der Wildnis. Sie hören auf die Stimmen der Tiere und auf die Stimmen der Pflanzen, und sie sind sehr neugierig darauf, die Gesetze der Wildnis herauszufinden. Sie haben es viel leichter als wir, die Natur zu verstehen. Sie haben einen großen Vorteil vor uns. Weil sie so große Achtung vor der Natur haben, haben sie wenig Angst vor den Menschen. Sie sind selbstbewußt und ausgeglichen.

Ich möchte euch eine kleine Aufgabe stellen, die euch tiefer hineinführen kann in die Geheimnisse der Natur. Stellt euch einmal vor, daß ihr als kleines Kind aus irgendeinem Grund in der Wildnis zurückgeblieben seid. Ihr habt Tiereltern gefunden, die euch wie ein eigenes Kind aufgezogen haben, so daß ihr das Leben der Tiere geteilt habt und viel von ihnen gelernt und übernommen habt. Ihr könnt gleich beschreiben, wie es dabei zugegangen ist. Wie seid ihr in die Wildnis gekommen? Wie war die erste Zeit bei den neuen Tiereltern? Was waren das für Tiere, die euch aufgenommen haben? Wie haben sie euch großgezogen? Was habt ihr gelernt? Wer waren die Freunde eurer Tierfamilie, wer waren die Feinde? Und wie lange seid ihr in der Tierfamilie geblieben? Seid ihr wieder zurückgekehrt, und was geschah dabei? Laßt euch eine halbe Stunde Zeit, um euch auszudenken und aufzuschreiben, wie ihr unter Tieren aufgewachsen seid... (Lassen Sie anschließend jedes Kind kurz mitteilen, welche Tiereltern es sich ausgesucht hat; dann können einzelne Kinder ihre Aufzeichnungen vorlesen.)

## Auswertung

- ✤ Worin unterscheiden sich Tierkinder und Menschenkinder besonders?
- ✤ Was haltet ihr für die "starke" Seite des Menschen?
- ✤ Was haltet ihr für die "starke" Seite des Tieres?
- ✤ Wie lange braucht ein Mensch, bis er erwachsen ist?
- ✤ Worin unterscheiden wir uns von den Menschen, die vielleicht vor

10.000 Jahren gelebt haben?

- Was wird geschehen, wenn es auf der Erde keine Wildnis mehr gibt?

# 19 Alltag eines wilden Tieres, Alltag eines Haustieres

## Ziele

Die Kinder können hier darüber nachdenken, auf welche Weise sich Haustiere von ihren wilden Verwandten unterscheiden. (In gewisser Weise ist es für uns Menschen außerordentlich peinlich, daß die Tiere, die so sehr in unserer Nähe leben, im Vergleich mit den Wildtieren ein durch und durch infantiles Verhalten an den Tag legen. Das wirft natürlich die Frage auf, wie erwachsen das Verhalten von uns "zivilisierten" Menschen eigentlich wirklich ist.) Jeweils die Hälfte der Kinder kann sich auf die Lebensform des Wildtieres konzentrieren, die andere Hälfte auf die Lebensform des Haustieres. Anschließend können Vergleiche gezogen werden. Wenn sehr viel Zeit zur Verfügung steht, kann man noch anders vorgehen: Dann kann jedes Kind beide Aufgaben erarbeiten. (Alter: ab 10 J.)

## Anleitung

Wir Menschen sind schon seit langen Zeiten beeindruckt von den Tieren. Immer wieder haben Menschen sich gefragt, wie sie es anstellen können, ein wildes Tier zu zähmen, damit sie dieses Tier dann besser benutzen können: Als Wächter, zu sportlichen Zwecken, um das Fleisch zu essen oder zu irgendeinem anderen Zweck. Wir kennen alle etwas vom Leben der Haustiere, und auf der anderen Seite wissen wir auch einiges über das Leben der Wildtiere. Ich möchte gerne, daß ihr einmal ein Wildtier mit einem Haustier vergleicht. Kommt immer zu zweit zusammen, und einigt euch, wer über den Alltag des Wildtieres und wer über den Alltag des Haustieres schreiben soll. Wählt nach Möglichkeit zwei ähnliche Tiere, also z.B. einen Büffel als Wildtier und eine Kuh oder einen Stier als Haustier; einen Wolf als Wildtier und einen Hund als Haustier. Beschreibt einen ganz normalen Tag im Leben des Tieres, wie das Tier morgens erwacht, was dann passiert, wie es den Vormittag und den Nachmittag verbringt, den Abend und die Nacht. Beschreibt, wo sich das Tier aufhält, wie es sich ernährt, was es mit seinen Jungtieren macht, wer seine Feinde und wer seine Freunde sind.

Wenn ihr schreibt, so sprecht bitte nicht miteinander, und laßt euch davon überraschen, was jeder dabei herausfindet. Wenn ihr alle fertig seid, dann können wir immer die Arbeiten, die zusammengehören, nacheinander vorlesen, und ihr könnt euch dann fragen, wessen Leben euch besser gefällt. Laßt euch eine halbe Stunde Zeit für diese Aufgabe...

## Auswertung

- ✣ Wann haben die Menschen angefangen, aus Wildtieren Haustiere zu machen?
- ✣ Worin unterscheidet sich das Wildtier vor allem vom Haustier?
- ✣ Warum sind die Haustiere so empfindlich geworden?
- ✣ Wie würde das menschliche Leben aussehen, wenn wir keine Haustiere halten würden?
- ✣ Welche Menschen haben keine Haustiere?
- ✣ Welche Haustiere haben es gut, welche haben es eher schlecht?

# 20
# Angsttraum eines Tieres

## Ziele

Die zunehmenden ökologischen Schwierigkeiten sind den Kindern natürlich nicht verborgen geblieben. Es ist für ein Kind allerdings sehr schwer, eine befriedigende innere Haltung zu dieser Thematik einzunehmen, da das Kind selbst in einem instabilen und empfindlichen Zustand lebt. Es hat wenig Ressourcen, einen wirklichen Beitrag zur Lösung dieser Probleme zu leisten, und so reagieren viele Kinder mit untergründiger Angst auf die Zerstörung der Natur, die sie aus vielen Detailinformationen ablesen können. Irgendwo ahnen Kinder, daß die Erwachsenen, die die Natur rücksichtslos behandeln, eine ähnliche Grundeinstellung möglicherweise auch Kindern gegenüber einnehmen. In diesem Experiment können die Kinder einen Teil ihrer Ängste auf ein Tier projizieren, um ihre eigene Angst auf diesem Wege indirekt zu artikulieren. (Alter: ab 12 J.)

## Anleitung

Überlegt einen Augenblick, welche Tiere heutzutage einen Grund haben, pessimistisch zu sein. Welche Tiere leiden, welche Tiere sind in ihrer Existenz bedroht, welche Tiere sind in der Gefahr auszusterben? Und welche Haustiere werden schlecht behandelt? Ich möchte, daß ihr von all den Tieren, die einen Grund dafür haben, besorgt zu sein, eines auswählt. Stellt euch vor, daß dieses Tier einen Traum träumt, der die Angst des Tieres vor der Zukunft ausdrückt. Natürlich wissen wir nicht, wie Tiere träumen. Es reicht völlig aus, wenn ihr das Tier in der Art träumen laßt, wie ihr selber träumt. Beginnt eure Geschichte damit, daß ihr sagt, wo das Tier gerade ist, als es diesen Traum hat.

Und vergeßt auch nicht anzugeben, wie alt das Tier ist und was seine Lebensumstände sind.

Ihr habt eine halbe Stunde Zeit, um diesen Traum eines Tieres aufzuschreiben. (Um der Auswertung noch einen zusätzlichen Reiz zu geben, können Sie die Geschichten einsammeln und ohne Nennung des Autors vorlesen. Die Kinder können dann raten, wer die Geschichte wohl geschrieben hat.)

## Auswertung

- Kennt ihr Tierarten, die vom Aussterben bedroht sind?
- Welche Tiere unserer Heimat sind vom Aussterben bedroht?
- Wie wirkt es sich aus, wenn immer mehr Tierarten aussterben?
- Wieviel verschiedene Tierarten mag es überhaupt auf der Erde geben?
- Was können wir tun, um das Aussterben weiterer Tierarten zu verhindern?
- Kennt ihr Menschen, die sich für das Leben und die Rechte der Tiere besonders einsetzen?
- Warum sind die Tiere für den Menschen so wichtig?
- Was denkst du über den Satz: "Der schlimmste Feind der Tiere ist der zivilisierte Mensch?"

# 21 Ein gefangenes Tier

## Ziele

Hier wenden wir uns ebenso sehr an die Abenteuerlust der Kinder wie an ihr Mitgefühl. Sie können sich mit einem Tier identifizieren, das aus seiner natürlichen Umgebung herausgerissen wird, um dann irgendwie gewinnbringend verwertet zu werden. (Alter: ab 10 J.)

## Anleitung

Stellt euch vor, daß ihr ein Tier seid, das irgendwo in der freien Natur lebt. Irgendjemand hat euch gefangen. Wer hat euch gefangen und warum? Versucht ihr irgendwie, euch zu befreien, um wieder in eure alte Umgebung zurückzugelangen? Oder entscheidet ihr euch dafür, in der Gefangenschaft zu bleiben? Wie wird dann euer weiteres Leben aussehen?...

Nehmt euch zwanzig Minuten Zeit, um die Geschichte dieses Tieres aufzuschreiben. Schreibt bitte per ich, also: "Ich bin ein junger Affe, und ich bin in eine Falle geraten."...

## Auswertung

- Aus welchen Gründen werden die Tiere meistens gefangen?
- Was geschieht mit den gefangenen Tieren?
- Wer verteidigt die Tiere, damit ihre natürlichen Rechte respektiert werden?
- Welche Tiere werden besonders oft gefangen?

✤ Welche Tiere tun dir besonders leid, wenn sie gefangen werden?
✤ Könntest du dir vorstellen, ein Tier zu befreien?

# 22
# Als Tier aufwachen

## Ziele

Dies ist eine reizvolle Möglichkeit für größere Kinder, um sich mit einem Tier zu identifizieren. Gleichzeitig können die Kinder eine Menge eigener Gedanken und Empfindungen in das Tier hineinprojizieren, die sie sonst schwerer ausdrücken könnten. (Alter: ab 10 J.)

## Anleitung

Stellt euch vor, daß ihr eines Morgens aufwacht und bemerkt, daß ihr euch verwandelt habt. Ihr seid nicht mehr ein Mensch, sondern ihr seid in der Nacht zu einem Tier geworden, zu einer Maus, einem Schmetterling, einem kleinen Vogel oder zu einem Insekt. Wie ist es dazu gekommen? Wie sind eure ersten Gedanken beim Aufwachen? Wie fühlt sich euer Körper an? Wie bewegt ihr euch? Was unternehmt ihr? Wie reagieren die Leute, die euch kennen? Wie reagiert eure Familie? Habt ihr das Glück, in einer tierliebenden Umgebung aufzuwachen? Versucht ihr, wieder zu einem Menschen zu werden? Was sind die Vorteile, ein Tier zu sein, und was sind die Nachteile? Laßt euch eine halbe Stunde Zeit, um eure Erlebnisse nach dieser Verwandlung aufzuschreiben. Und schreibt bitte aus der Ich-Perspektive, also z.B.: "Ich wache auf und bemerke, daß ich große, lange Fühler bekommen habe."...

### Auswertung

- Hast du schon einmal geträumt, daß du dich in ein Tier verwandelt hast?
- Hast du dir schon einmal gewünscht, in einer bestimmten Situation ein Tier zu sein?
- Welches Tier bewunderst du am meisten?
- Was ist in deinen Augen der größte Nachteil für ein Tier?
- Wie behandelst du selbst Tiere?
- Für welche Tiere setzt du dich ein?
- Welche Tiere sind dir gleichgültig?

# 23 Bestiarium der Zukunft

### Ziele

Die Kinder können mit ihrer Phantasie in die Zukunft schweifen und sich vorstellen, welche imaginären Tiere in Zukunft vielleicht einmal die Erde bevölkern werden. Gefordert wird eine Mischung aus spielerischer Vision und einem ersten Denken in Zukunftsszenarios. In diesem Experiment können die Kinder sehr schön auch einen Teil ihrer Ambivalenz der Zukunft gegenüber ausdrücken. (Alter: ab 12 J.)

## Anleitung

Stellt euch die Erde in vielen, vielen tausenden von Jahren vor, vielleicht in 100.000 Jahren. Wie soll die Erde dann aussehen? Glaubt ihr, daß es dann noch Menschen gibt und wieviele? Wie sieht es in der Natur dann aus? In welchem Zustand sind die Meere und die Wälder, die Flüsse und Seen? Welche Tiere werden die Erde dann bevölkern? Denkt euch irgendein Tier aus, das es dann neu auf der Erde gibt. Beschreibt seine Erscheinung. Wo soll das Tier leben? Wie ernährt es sich? Wie zieht es seine Jungen groß? Wozu ist es für den Menschen nützlich? Was gibt es sonst noch Besonderes an diesem Tier? Beschreibt dieses Tier, und malt auch ein Bild dazu.

Laßt euch eine halbe Stunde dafür Zeit.

## Auswertung

- Denkt ihr manchmal darüber nach, was mit der Erde geschehen wird?
- Mit welchen positiven Veränderungen rechnest du, mit welchen negativen Veränderungen?
- Kennt ihr Leute, die viel über die Zukunft nachdenken, bzw. die vielleicht sogar die Zukunft erforschen?
- Wen wird es länger geben - den Menschen oder die Natur?
- Welche Tiere gibt es schon sehr lange?
- Welche Tiere wird es noch sehr lange geben?
- Wie kommt es dazu, daß neue Tiere entstehen?
- Was muß der Mensch tun, damit seine Kinder und Kindeskinder noch sehr lange auf der Erde leben können?

# 24
# Monolog eines Tieres

## Ziele

Die Kinder können sich auf ein Tier konzentrieren, das ihnen aus irgendeinem Grunde wichtig ist. Sie können sich mit dem Tier identifizieren und aus der Perspektive des Tieres seine Existenz beschreiben. Sie können auf diesem Wege ihr Mitgefühl und ihr Interesse zum Ausdruck bringen und ihre innere Verbindung mit der Natur bestärken. (Alter: ab 12 J.)

## Anleitung

Ich weiß nicht, für welche Tiere ihr euch in letzter Zeit besonders interessiert habt. Vielleicht sind es andere Tiere als diejenigen, die euch vor fünf Jahren interessiert haben, vielleicht habt ihr aber auch irgendeinem Tier sehr lange die Treue gehalten. Wählt euch ein Tier aus, das ihr besonders mögt und das ihr interessant findet. Dann schreibt einmal die Gedanken auf, die dieses Tier bewegen. Vielleicht sind das Gedanken, in denen das Tier sich mit seiner Zukunft beschäftigt, vielleicht sind das schöne Erlebnisse, die das Tier gerade gehabt hat, Wünsche und Hoffnungen, die das Tier bewegen. Vielleicht denkt das Tier auch darüber nach, wie es ihm mit den Menschen geht, wer seine Freunde sind, und auf wen es sich verlassen kann. Laßt das Tier auch über seine Stimmung sprechen und über das, was es sich in der nächsten Zeit erhofft. Schreibt bitte in der Ich-Perspektive, also ungefähr so: "Ich bin ein Reitpferd, und ich bin 24 Jahre alt. Zum Reiten tauge ich nicht mehr, und ich bekomme mein Gnadenbrot auf einem kleinen Reiterhof."... Laßt euch 30 Minuten Zeit, um die Gedanken des Tieres aufzuschreiben. (Wenn Sie genügend Zeit haben, dann können Sie dieser Aufgabe einen reizvollen Kontrapunkt geben. Lassen Sie das Tier seine Gedanken über das Kind aufschreiben, das zuvor die Gedanken des Tieres zu ergründen versucht hat.)

### Auswertung

- Kennt ihr Kinder, die enge Freundschaft mit einem Tier geschlossen haben?
- Kennt ihr Kinder, die sich nicht viel aus Tieren und ihrer Freundschaft machen?
- Beobachtest du gern Tiere?
- Welche Tiere findest du besonders interessant?
- Hast du schon einmal etwas Interessantes über ein Tier herausgefunden?
- In welchen Dingen sind die Tiere den Menschen ganz ähnlich?
- Welche Tiere sorgen für die Zukunft vor?
- Gibt es Tiere, die sich nicht in die Natur einordnen?
- Gibt es Menschen, die sich in die Natur einordnen?

# Kapitel 2

# Die Elemente

---

Children are small, young people. As such, they define the world and its events in a different way than does the adult, and their experiential learnings are limited and quite different from those of the adult.

Children have their own ideas and need to have them respected, but they are readily open to any modification of those ideas intelligently presented to them.

Milton H. Erickson

# 25
# Die
# Flamme

## Ziele

Das Feuer hat für kleine und große Kinder eine nachhaltige Faszination. Es ist schwer für Kinder zu verstehen, wie das Feuer eigentlich "funktioniert", was dabei geschieht und was sozusagen die wohltuenden und was die gefährlichen Seiten des Feuers sind. Wir können in den verschiedenen Experimenten, die wir dem Feuer gewidmet haben, das Verständnis der Kinder auf verschiedenen Ebenen etwas erweitern. Wir können ihnen helfen, Respekt vor der elementaren Kraft des Feuers zu entwickeln, wir können ihre Angst etwas realistischer gestalten, und wir können ihnen Anregungen geben, die "Gemeinsamkeiten" mit dem Feuer stärker zu empfinden: Temperament, Geschwindigkeit und Gestaltungskraft. In diesem ersten Experiment werden wir wieder auf dem Wege körperlichen Ausdrucks und über dynamisches Spiel einen Teilaspekt des Feuers in den Vordergrund stellen, die Flamme. (Alter: ab 6 J.)

## Anleitung

Ich habe eine Kerze mitgebracht, die ich gleich anzünden werde. Und soweit es geht, werde ich die Fenster verdunkeln, damit ihr alles besser sehen könnt. Bitte schaut die brennende Kerze ein paar Augenblicke aufmerksam an, und sagt mir dann alles, was ihr seht. Wenn ihr irgendetwas riechen könnt, dann sagt mir auch das... Nun steht bitte alle auf, und stellt euch um die Kerze herum (ungefähr ein Meter Abstand). Versucht nun, die Kerze gemeinsam auszublasen... Ich werde jetzt den Raum wieder hell machen, und wir können zusammen versuchen, die Flamme mit unserem Körper zu beschreiben. Bitte setzt euch auf den Boden, und zeigt mir die Flamme mit eurem rechten Arm und eurer rechten Hand... Zeigt mir die Flamme mit eurem linken Arm und eurer linken Hand. Zeigt mir die Flamme mit eurem rechten Bein und eurem rechten Fuß. Zeigt mir die Flamme mit eurem linken Bein und eurem linken Fuß... Nun zeigt mir die Flamme mit euren beiden Händen... Jetzt möchte ich, daß nur die Jungen mir die Flamme mit ihrem Körper und ihrem Kopf zeigen... Nun möchte ich, daß die Mädchen dasselbe tun und mir die Flamme mit dem Körper und ihrem Kopf zeigen...

Nun möchte ich, daß immer zwei von euch zusammenarbeiten. Einer von euch ist die Flamme und der andere ein kleines Kind von drei Jahren. Und das kleine Kind ist neugierig und weiß noch nichts von der Flamme, und das Kind untersucht die Flamme... Und zeigt in euren Bewegungen, was dabei passieren kann...

Ihr wißt, daß es Tiere gibt, die auch nicht so recht wissen, wie gefährlich Feuer sein kann, z.B. manche Insekten. Ich möchte, daß sich sechs von euch in der Mitte zusammenstellen und daß sie eine große Flamme bilden, mit ihren Körpern und mit ihren Armen und Händen. Und ihr anderen seid Mücken und Motten, die diese Flamme in der Nacht gesehen haben und die um die Flamme herumfliegen. Zeigt mir, was passieren kann, wenn diese Insekten zu dicht an die Flamme herankommen... So ist es gut.

Nun setzt euch hin. Könnt ihr mir gleich zeigen, wie das ist, wenn man etwas anzündet? Zuerst ist die Flamme klein, dann breitet sie sich aus und wird immer größer. Das sehen wir, wenn wir ein Lagerfeuer anzünden, eine Petroleumlampe oder einen Kamin. Ich werde herumgehen und euch anzünden: entweder an der linken oder an der rechten Hand. Ihr sitzt auf dem Boden und zeigt mir, wie die Flamme von der einen Hand über den Arm und den Körper bis zu dem anderen Arm und der anderen Hand langsam weiterwandert und immer größer wird. Bewegt euch in passender Weise dazu, und spürt die Kraft des Feuers, seine Wärme und Helligkeit. (Gehen Sie bitte herum, und "zünden Sie die Kinder an" durch eine leichte Berührung an der Hand.)

Nun zeigt mir, wie die Flamme immer kleiner wird, bis das Feuer erlischt. Laßt die Flamme langsam erlöschen in der rechten oder linken Hand, zeigt mir, wie das Feuer dort ausgeht, wie das Feuer dann auch in den anderen Teilen eures Körpers ausgeht, bis ganz zum Schluß auch die Flamme in der anderen Hand erlischt... Steht einen Augenblick auf, und schüttelt Arme und Beine aus.

Wißt ihr, welche Geräusche das Feuer machen kann? Laßt mich einige Geräusche hören, Geräusche von kleinem Feuer oder von großem Feuer, Geräusche, die entstehen, wenn Holz verbrennt, Geräusche, die die Gasflamme macht, Geräusche, die das Feuer im Ofen hervorruft, Geräusche, die ein großes Osterfeuer macht. Kommt nun mit einem anderen Kind zusammen. Das eine Kind macht die Geräusche des Feuers, und das andere Kind zeigt die Flammen, die zu den Geräuschen passen...

Nun kommt alle her zu mir, und bildet einen Kreis um mich. Ich werde Geräusche des Feuers machen, und ihr seid mit eurem ganzen Körper eine Flamme, die zu dem Geräusch paßt. Zeigt mir, was ihr für eine Flamme seid... (Machen Sie verschiedene Geräusche. Fangen Sie mit ganz leisen Geräuschen an, und werden Sie dann immer lauter, und dann wieder leiser und leiser.)

Wem ist bei soviel Feuer warm geworden? Wir werden einen Augenblick die Fenster öffnen, damit sich jeder von euch erfrischen und abkühlen kann.

### Auswertung

- ✤ Was war dein wichtigstes Erlebnis mit einer Flamme?
- ✤ Kennt ihr Kinder, die nicht wissen, wie gefährlich Feuer sein kann?
- ✤ Hast du schon einmal allein Feuer gemacht?

- ✤ Was gefällt dir am Feuer am besten?
- ✤ Kennt ihr Menschen, die wie eine Flamme sind?
- ✤ Was braucht eine Flamme, damit sie überhaupt brennen kann?

# 26 Die Macht des Feuers

## Ziele

In diesem Experiment können die Kinder sich vergegenwärtigen was geschieht, wenn die Dinge heiß werden, glühen, schmelzen oder verbrennen. In jedem Falle verändert sich ja nicht nur die Temperatur, sondern die Konsistenz, ja sogar der Aggregatzustand der Dinge. Durch die Identifikation können die Kinder ein viel "anschaulicheres" Bild für sich selbst entwickeln, als das nur durch äußeres Beobachten der Fall wäre. (Alter: ab 8 J.)

## Anleitung

Laßt uns gemeinsam untersuchen was geschieht, wenn etwas verbrennt.

Zeigt mir, wie das ist, wenn ein Blatt Papier vom Wind durch die Luft gewirbelt wird...

Bleibt stehen, und stellt euch vor, daß das Blatt Papier gleich angezündet wird. Ich werde herumgehen und euch an einer Ecke anzünden... Gebt dem Papier daher deutliche Ecken, ja... so ist es gut, breitet die Arme ein wenig aus. (Gehen Sie herum, und zünden Sie jedes Kind an einer "Ecke" an, indem Sie eine Hand leicht berühren.)

Nun zeigt mir, wie die Flamme langsam das ganze Papier ergreift... Zeigt mir, was dann mit dem Papier passiert...

Habt ihr schon gesehen was passiert, wenn ein Stück Nylongewebe an zu brennen fängt? Seid jetzt ein Stück Nylongewebe, und beginnt an irgendeiner Stelle zu brennen, und zeigt mir, was dann passiert.

Nun zeigt mir bitte, wie ein Stück Kaminholz brennt...

Nun zeigt mir, wie ein Stück Tau brennt... Könnt ihr mir zeigen, wie die einzelnen Stränge sich dabei langsam voneinander lösen?...

Nun zeigt mir bitte, wie trockenes Gestrüpp brennt, das bei einem Waldbrand entzündet wird...

Nun stellt euch vor, daß ihr ein kleines Lagerfeuer seid, das von einem Regenguß ausgelöscht wird. Zeigt mir, wie die Flammen kleiner und kleiner werden und dann ganz erlöschen...

(Sprechen Sie nun kurz mit den Kindern darüber, was passiert, wenn Wasser erhitzt wird, wenn Glas erhitzt wird, wenn verschiedene Metalle erhitzt werden.)

Nun zeigt mir bitte, was passiert, wenn ein Stück Eisen erhitzt wird. Zeigt mir zunächst, wie das Stück Eisen anfängt zu glühen... Zeigt mir nun, wie das Eisen flüssig wird und schmilzt...

Jetzt kommt bitte immer zu dritt zusammen. Einer von euch ist ein Stück Eisen, das geschmiedet wird. Einer von euch ist der Schmied, der das Eisen schmiedet und seine Form ändern möchte. Einer von euch ist die Flamme, die das Eisen zum Glühen bringt. Zeigt mir zuerst, wie die Flamme das Eisen glühend macht... Und nun kommt der Schmied mit seinem Hammer dazu und gibt dem glühenden Eisen eine andere Form. Der Schmied soll ganz vorsichtig sein und das Kind, das das Eisen spielt, nicht berühren...

Nun stellt euch bitte wieder alleine hin. Habt ihr zu Silvester schon einmal Zinn gegossen?...Stellt euch vor, ihr seid ein Stück Zinn, das zu Silvester heiß gemacht wird und dann in ein Glas mit Wasser geschüttet wird... Zeigt mir, wie das Zinn flüssig wird und dann zischend in das Wasser fällt und dort zu einer Überraschungsfigur wird...Ja, das ist gut so... Ich werde herumgehen, um zu raten, was die Überraschungsfiguren darstellen.

Nun kommt bitte zu viert zusammen, ein Kind ist das Feuer, ein anderes Kind ist der Blasebalg, ein anderes Kind ist geschmolzenes Glas, und das vierte Kind ist der Glasbläser, der aus dem Glas eine schöne runde Kugel bläst. Zeigt mir zuerst, wie der Blasebalg das Feuer schön groß macht... Zeigt mir, wie das geschmolzene Glas so flüssig wird, daß der Glasbläser mit seinem langen Rohr die Kugel daraus formen kann...

Nun stellt euch wieder alleine hin. Ihr habt Silvester sicher schon alle einmal einen Knallfrosch angezündet. Erst brennt die Lunte, dann springt der Knallfrosch ein paarmal herum, und jedes Mal gibt es einen kleinen Knall. Zeigt mir zuerst, wie die Lunte brennt,... und dann zeigt mir, wie der Knallfrosch dreimal explodiert und herumspringt... Ja, das ist gut.

Und nun kommt noch einmal zu dritt zusammen, ein Kind ist der Topf, ein Kind ist das Wasser im Topf, und ein Kind ist das Feuer, das den Topf heiß macht und das Wasser zum Kochen bringt. Zeigt mir, wie der Topf das Wasser hält... Zeigt mir, wie die Flamme das Wasser heiß macht... Zeigt mir, wie sich erst kleine Blasen bilden und wie das Wasser dann sprudelt, wie das Wasser zum Teil zu Dampf wird... Ja, so war das gut...

Nun kommt alle zusammen, und faßt einander bei den Händen, und bildet ein langes Tau. Stellt euch vor, daß das Tau an einem Ende anfängt zu brennen, und zeigt mir jetzt, wie das Tau immer weiter und weiter von den Flammen ergriffen wird,... wie es ganz in hellen Flammen steht und dann langsam zu Asche zerfällt.

## Auswertung

- Hast du schon einmal allein ein Feuer angezündet?
- Welche Berufe brauchen Feuer?
- Wo brauchen wir zu Hause Feuer?
- Wie verändern sich die Dinge, wenn sie heiß werden?

- Wie verändern sich die Dinge, wenn sie kalt werden?
- Wo gibt es auf der Erde Feuer oder "heiße" Plätze?
- Wo gibt es im Weltraum Feuer und "heiße" Plätze?

# 27
# Waldbrand

## Ziele

Die Kinder können hier praktisch erforschen, was geschieht, wenn durch Sorglosigkeit ein Waldbrand ausgelöst wird. Sie können Respekt vor der Gewalt des Feuers entwickeln und sich darüber klar werden, wie schwierig es ist, so ein Feuer zu löschen. (Alter: ab 9 J.)

## Anleitung

Wer von euch hat schon einmal gesehen, wie ein Stoppelfeld abgebrannt wurde?... Wer von euch hat schon einmal gesehen, wie ein Wald angefangen hat zu brennen?... Was habt ihr dabei erlebt?...

Jetzt zeigt mir bitte, was geschieht, wenn ein Stoppelfeld abgebrannt wird. Verteilt euch im Raum, ein Kind soll das Stoppelfeld anzünden, und ein anderes Kind ist der Wind, der die Flammen in verschiedene Richtungen über das Stoppelfeld treibt. Achtet bitte darauf, woher der Wind bläst. Und nun zeigt mir, wer gerade von dem Feuer und dem Wind angezündet wird...

Jetzt stellt euch vor, daß ihr ein Stück Wald seid. Stellt euch irgendwo hin, und zeigt mir, was ihr seid. (Gehen Sie herum, und raten Sie oder lassen Sie sich auch sagen, was jedes Kind darstellt.)

Und nun wird ein Kind den Wald anzünden, und ein anderes Kind ist der Wind. Der Wind wird die Flammen wieder nach verschiedenen

Richtungen durch den Wald treiben... Zeigt mir, wo das Feuer anfängt, zeigt mir, wie das Feuer weitergeht, bis nachher der ganze Wald in Flammen steht...

Und nun können wir uns gleich eine kleine Geschichte ausdenken, wie ein Waldbrand zustande kommen kann. Wir können überlegen, auf welche Weise der Waldbrand dann wieder gelöscht werden soll. Und nachher werden wir die ganze Geschichte spielen. Jeder soll dabei eine interessante Rolle haben...

### Auswertung

- Wann muß man besonders aufpassen, damit es in der Natur kein Feuer gibt?
- Welche anderen Plätze sind brandgefährdet?
- Mit welchen Mitteln können wir versuchen, ein Feuer zu löschen?
- Welche Dinge dürfen wir nicht mit Wasser löschen?
- Habt ihr selbst schon einmal ein Feuer gelöscht?
- Was geschieht in der Natur, wenn große Gebiete an zu brennen fangen?
- Welche Auswirkungen hat das Feuer auf die Luft?
- Warum haben Tiere so große Angst vor dem Feuer?

## 28 Feuerritual

### Ziele

Hier können die Kinder ihr Verständnis für die rituellen Qualitäten des Feuers vertiefen. Und auch kleine Kinder haben einen Sinn für die besondere Stimmung, in die uns ein Feuer bringen kann.

(Alter: ab 8 J.)

## Anleitung

Es gab einmal eine Zeit, als die Menschen das Feuer noch nicht kannten, als sie noch nicht um ein Feuer herumsitzen, ihr Essen am Feuer zubereiten oder sich am Feuer wärmen konnten. Später, als die Menschen das Feuer hatten, staunten sie immer wieder über die Kraft des Feuers, über seine Schönheit und Vielseitigkeit.

Könnt ihr mir zeigen, wie die Menschen früher, ehe es Streichhölzer gab, ein Feuer angezündet haben?...

Jetzt laßt uns gemeinsam ein großes Lagerfeuer aufschichten. Zeigt mir, wie ihr Holz und Reisig zu einem großen Stapel aufschichtet.

Nun stellt euch um das Feuer herum, und stellt euch vor, daß das Feuer brennt. Zeigt mir, wie ihr die Flammen beobachtet, und wie ihr aufpaßt, daß es für euch nicht zu heiß wird... Zeigt mir, wie ihr euch am Feuer wärmt... Zeigt mir, wie ihr neues Holz in das Feuer werft, damit das Feuer nicht zu klein wird...

Nun möchte ich, daß immer zwei von euch zusammenkommen und zusammen einen Feuertanz beginnen. Zeigt mir durch den Tanz, daß ihr euch freut, daß ihr das Feuer habt, das euch wärmen kann...

Nun möchte ich, daß alle Kinder um das Feuer herumstehen und daß alle gemeinsam einen Feuertanz erfinden. Immer ein Kind kann sich eine Bewegung ausdenken, die dann von allen nachgemacht wird. Wer möchte zuerst eine Bewegung für den Feuertanz vormachen?... (Lassen Sie eine Reihe Kinder verschiedene Elemente zu einem Feuertanz beisteuern.)

Nun habt ihr lange um das Feuer getanzt, und ihr seid müde geworden. Setzt euch um das Feuer herum, und stellt euch vor, daß das Feuer tief heruntergebrannt ist... Das Feuer wird kleiner und kleiner, ihr legt euch um das Feuer herum auf den Boden. Ihr schlaft ein, gewärmt von der Glut. Und wenn ich gleich in die Hände klatsche, dann ist die Nacht zu Ende, der Morgen hat angefangen, und ihr steht frisch und munter auf. Dann ist das Feuer zu einem großen Haufen weißer

Asche geworden. (Geben Sie nach einer Minute das angekündigte Signal.)

### Auswertung

- ✤ Habt ihr schon einmal bei einem Osterfeuer zugesehen, einem Sonnenwendfeuer? Bei einem anderen großen Feuer?
- ✤ Wie benutzen die Naturvölker das Feuer?
- ✤ Welche Gefühle haben Menschen, wenn sie einem Feuer zuschauen?
- ✤ Welche Bedeutung hat das Feuer-Werk?
- ✤ Zu welchen Gelegenheiten würde ein großes Feuer passen?

## 29
## Vulkan

### Ziele

Größere Kinder interessieren sich auch für das Feuer im Inneren unserer Erde, für das Feuer des Magmas, für Vulkane und deren Tätigkeit. In diesem Experiment können sie sich auf diesen dramatischen Aspekt des Feuers konzentrieren. (Alter: ab 10 J.)

### Anleitung

Was wißt ihr über Vulkane? Wie funktioniert ein Vulkan? Wann explodiert er? Was sind die Vorboten? Wo auf der Erde gibt es aktive Vulkane? Wo in Europa? Habt ihr von großen Vulkankatastrophen gehört?... (Besprechen Sie mit den Kindern einige der interessanten Aspekte, die mit diesen Fragen angedeutet sind.)

Nun steht bitte auf, und verteilt euch im Raum. Zeigt mir bitte, wie das ist, wenn die heiße Lava aus dem Vulkan fließt... Bewegt euch wie der Lavastrom...

Nun zeigt mir, wie der Rauch aus dem Krater aufsteigt, zeigt mir, ob euer Vulkan gleichmäßige Rauchsignale sendet oder in irgendeinem Rhythmus... Und nun zeigt mir, wie der Vulkan Gesteinsbrocken in die Höhe schleudert...

Und nun stellt euch vor, daß jeder von euch ein Vulkan ist, und ihr alle zusammen seid eine Kette von Vulkanen, die noch aktiv sind. Und jeder von euch kann selbst entscheiden, ob er nur Rauchsignale geben will, ob er nur Gesteinsbrocken ausspucken will oder ob er sogar explodieren will. Zeigt mir, was euer Vulkan tun wird...

Nun kommt bitte wieder auf euren Platz, und nehmt euch ein Blatt Papier. Ich möchte, daß jeder beschreibt, was geschieht, wenn ein Vulkan aktiv wird. Stellt euch vor, ihr seid ein Reisender, der zufällig dabei ist als der Vulkan tätig wird. Schreibt euren Bericht an einen Freund oder an eure Familie, und schließt in diesen Bericht ein: Wo liegt der Vulkan? Welche Menschen sind in der Nähe? Welche Orte? Was geschieht, wenn der Vulkan tätig wird? Was macht ihr selbst? Von welcher Stelle aus beobachtet ihr den Vulkan? Ihr habt 20 Minuten Zeit, um euren Bericht aufzuschreiben.

## Auswertung

- In welchen Gebieten der Erde gibt es heute noch tätige Vulkane?
- In welchen Gebieten der Erde gibt es Erdbeben?
- Wieweit lassen sich vulkanische Explosionen vorhersagen?
- Warst du selbst schon einmal in der Nähe eines Vulkanes?
- Wann war die letzte große Vulkanexplosion, und welche Auswirkungen hatte sie?

# 30
# Die
# Sonne

## Ziele

Die Sonne ist nicht nur für Kinder die wichtigste Repräsentation des Feuers. Kinder lieben die Sonne, und ihre Phantasie beschäftigt sich häufig mit ihr. In diesem Experiment können die Kinder sich mit der Sonne identifizieren, mit ihrer Bewegung, mit Sonnenaufgang und Sonnenuntergang. (Alter: ab 6 J.)

## Anleitung

Setzt euch bitte um mich herum auf den Boden. Haltet die Hände vor die Brust, und macht mit beiden Händen eine Faust. Stellt euch vor, ihr seid die Sonne, die aufgeht, und ihr schickt das Licht langsam zur Erde. Öffnet ganz langsam eure Hände, streckt die Finger aus, die Hände und Arme... Nun laßt das Licht wieder kleiner werden, und zieht die Arme wieder zum Körper zurück, und schließt auch die Hände wieder. Zeigt mir ein paarmal, wie die Sonne aufgeht und wie sie wieder untergeht, und macht das dreimal...

Und nun stellt euch irgendwo im Raum hin. Stellt euch vor, daß ihr die Sonne seid, die in südlichen Ländern aufgeht, wo sie sehr viel Kraft hat. Und dort, im Süden, geht die Sonne ganz schnell auf, und sie hat ganz kräftige Strahlen. Zeigt mir, wie die Sonne im Süden ihre Strahlen heftig nach allen Seiten schickt... Ja, schleudert die Hände vom Körper weg und auch die Beine... Schießt die Arme nach rechts und links hinaus, und holt sie wieder zum Körper zurück... Schießt das linke Bein hinaus, und holt es zurück,... schießt das rechte Bein hinaus und holt es zurück,... schießt gleichzeitig das linke Bein und den linken Arm hinaus, und holt sie zurück, und schießt das rechte

Bein und den rechten Arm hinaus, und holt sie zurück... Und nun schießt beide Beine und Arme gleichzeitig hinaus, und holt sie zurück...

Nun seid die Sonne, die über den Himmel zieht, zeigt mir, wie ihr durch den Weltraum fliegt und wie ihr eure Strahlen aussendet... Geht herum und strahlt dabei...

Nun geht bitte zu den Wänden des Raumes, und zeigt mir gleich, wie die Sonne am Morgen langsam aufgeht. Beginnt auf dem Boden, und stellt euch vor, daß die Sonne schön rot ist, und daß sie ihre Strahlen ganz langsam und behutsam aussendet. Und zeigt mir, wie die Sonne größer und größer wird und wie sie ihre Strahlen immer kräftiger aussendet...

Jetzt seid die Sonne am Mittag, und zeigt mir, wie die Sonne am Mittag oben im Himmel steht. Kommt um mich herum in die Mitte des Raumes, und zeigt, wie ihr eure Strahlen kräftig und stark zur Erde schickt...

Und jetzt zeigt mir, wie die Sonne am Abend untergeht, geht wieder zu den Wänden des Raumes, und zeigt mir, wie die Sonne zuerst ein schöner roter Ball ist und dann langsam, langsam am Horizont verschwindet. Geht hinunter auf den Boden, und zeigt mir die milden Strahlen der untergehenden Sonne, zeigt mir, wie die Sonne dann hinter dem Horizont zur Ruhe kommt...

Nun kommt bitte alle in der Mitte zusammen, und seid alle zusammen die Sonne, die in der Nacht schläft. Geht auf den Boden, und zeigt mir, wie die Sonne schläft. Seid alle zusammen die aufgehende Sonne, und zeigt mir, wie die Sonne langsam größer wird und wie sie ihre ersten Strahlen auf den Weg schickt. Nun seid alle zusammen die helle Sonne des Tages, und schickt eure Strahlen kräftig nach allen Seiten...

Jetzt zeigt mir, wie ihr alle zusammen die untergehende Sonne seid, werdet kleiner und kleiner und zeigt mir, wie eure Strahlen schwächer und schwächer werden...

Geht nun bitte wieder auf euren Platz, laßt uns alle zusammen ein kleines Gedicht von der Sonne erfinden. Ich werde das Gedicht aufschreiben, und wir können in jedem Satz sagen, was die Sonne tut. Und jeder Satz soll mit den gleichen Worten beginnen, immer mit den Worten: Die Sonne...

## Auswertung

- Wozu braucht die Erde die Sonne?
- Wozu brauchen die Menschen die Sonne?
- Wozu brauchen die Tiere die Sonne?
- Wozu brauchen die Pflanzen die Sonne?
- Wann freuen wir uns am meisten über die Sonne?
- Wann vermissen wir die Sonne am meisten?
- Kennst du Menschen, die wie eine Sonne sind?
- Wie sind die Menschen bei Sonnenschein?
- Wie sind die Menschen bei Regenwetter?
- Wo ist die Sonne in der Nacht?
- In welchen Ländern geht die Sonne ganz schnell auf und unter?
- In welchen Ländern geht die Sonne manchmal gar nicht unter?
- Was würde geschehen, wenn die Sonne mit ihrem Licht die Erde nicht mehr erreichen könnte?

# 31
# Das Licht

## Ziele

Hier können die Kinder spielerisch nachvollziehen, was das Sonnenlicht auf der Erde bewirkt, bei Pflanzen, Tieren, Menschen usw. (Alter: ab 8 J.)

## Anleitung

Ich möchte, daß ihr zeigt, was das Licht alles tut. Einige von euch können Pflanzen sein, einige können Tiere sein, einige können Flüsse, Berge und das Meer sein. Ein Kind soll die Sonne sein, und eine Gruppe von Kindern kann die Strahlen des Lichtes spielen, die am Tage von der Sonne ausgesendet werden... (Bauen Sie mit den Kindern eine Szene auf, die sozusagen einen repräsentativen Querschnitt durch die Welt darstellt, in der Mitte die Sonne.)

Und jetzt möchte ich, daß die Sonne uns ihre Kraft zeigt und ihre Strahlen aussendet. Und die Kinder, die die Strahlen der Sonne sind, können sich auf den Weg machen und von der Sonne auf die Erde fliegen und dort auf Tiere und Planzen, Steine und Bäume usw. treffen...

Zeigt uns, wie das Licht von der Sonne auf die Erde und all die Dinge herabkommt...

Nun soll immer ein Sonnenstrahl zur Zeit auf die Erde fliegen, und der Sonnenstrahl kann sich aussuchen, wohin er möchte. Wenn er angekommen ist, kann er dort eine kurze Unterhaltung führen. Er kann z.B. mit dem Grashalm sprechen, und wir können alle mithören, was die beiden sich zu sagen haben. Der Sonnenstrahl kann sagen, was er gibt, und der Grashalm kann sagen, wozu er den Sonnenstrahl braucht. Dann ruht der Sonnenstrahl bei dem Grashalm am Boden aus. Und nachher kann ein anderer Sonnenstrahl auf die Reise gehen und sich ein anderes Ziel aussuchen und wieder eine kleine Unterhaltung führen... (Fordern Sie die Kinder auf, die für die verschiedenen Dinge in der Welt stehen, immer wieder auch körperlich zu zeigen, was das Licht bei ihnen bewirkt, so daß die ganze Aktion des Lichtes sich nicht in Dialogen erschöpft.)

Nun stellt euch vor, daß ein Tag zu Ende geht. Die Sonne soll uns zeigen, wie sie zur Ruhe geht... Wenn die Nacht kommt, dann können uns auch alle anderen Dinge zeigen, wie sie zur Ruhe gehen und was sie in der Nacht tun... (Seien Sie den einzelnen Dingen der Welt ggf. behilflich, durch körperliche Aktionen anzudeuten, was sie in der Nacht tun: Die Tiere legen sich schlafen, die Blüten schließen sich, die Steine kühlen sich ab etc.)

## Auswertung

- Wie lange ist das Licht auf der Reise von der Sonne bis zur Erde?
- Wozu brauchen die Pflanzen das Licht?
- Wozu brauchen die Tiere das Licht?
- Wozu braucht das Meer das Licht?
- Warum geht nachts "die ganze Erde" schlafen?
- Wieviel Licht braucht der Mensch?
- Wann sind Sonnenstrahlen gefährlich?

# 32 Der Wind

## Ziele

Die Kinder lieben den Wind, und sie können sich leicht mit seiner Kraft und Beweglichkeit identifizieren. In diesem Experiment können sie zeigen, was der Wind alles bewegen kann. (Alter: ab 6 J.)

## Anleitung

Stellt euch vor, daß ihr auf einer Wiese steht und daß ein kräftiger Wirbelwind euch packt. Zeigt mir, wie der Wind euch herumwirbelt, und wie ihr euch sehr anstrengen müßt, um plötzlich anzuhalten... Laßt euch dreimal nach links herumwirbeln, und öffnet dabei jedes Mal weit die Arme, und haltet dreimal mit aller Kraft an... Und nun laßt euch noch dreimal nach rechts herumwirbeln.

Jetzt stellt euch vor, daß der Wind von hinten kommt, daß er euch hoch in die Luft schleudert... Zeigt mir, wie euch der Wind hochhebt, was Arme und Beine in der Luft machen und wie ihr dann wieder auf der Erde landet...

Und jetzt möchte ich, daß die Jungen stehenbleiben, und daß die Mädchen mir zeigen, wie der Wind sie herumwirbelt und wie er sie hoch in die Luft hebt, und wie sie dann wieder landen... Und jetzt möchte ich, daß die Mädchen stehenbleiben, und daß die Jungen mir zeigen, wie der Wind sie herumwirbelt und sie hoch in die Luft hebt und wieder fallen läßt...

Jetzt zeigt mir bitte alle, wie der Wind euch zu Boden reißt und wie ihr dann wieder auf die Füße springt und dann wieder zu Boden gerissen werdet... Und macht das ein paarmal...

Nun soll die Hälfte von euch stehenbleiben, und die andere Hälfte soll laufen und gegen den Wind springen...

Jetzt wechselt: die andere Hälfte soll laufen und gegen den Wind anspringen...

Nun kommt alle her zu mir, und stellt euch um mich herum, und stellt euch vor, ihr seid der Wind. Seid ein ganz sanfter Wind, der die Blätter der Bäume nur zart bewegt, und pustet ganz zart die Luft von euren Lippen... und macht dabei auch ein zartes, kleines Geräusch... Ja, das ist gut so...

Jetzt stellt euch vor, daß ihr ein starker Wind seid, der den Menschen die Hüte von den Köpfen blasen kann. Blast alle zusammen die Luft so stark von den Lippen, wie das ein solcher kräftiger Wind tun würde... Ja, das ist gut so...

Und jetzt seid ein Sturmwind, und blast so stark, als ob ihr mich umblasen wolltet... Ja, das habt ihr gut gemacht...

Und nun stellt euch alle dicht zusammen hin, und seid ein Kornfeld, in das ein sanfter Wind bläst, und bewegt euch zu dem Wind. Und laßt den Wind an der einen Seite anfangen und dann langsam durch das Kornfeld hindurchgehen...

Verteilt euch nun wieder im Raum, und zeigt mir, was der Wind mit einem hohen, hohen Baum macht, wenn er kräftig bläst...

Und was tut der Wind sonst noch alles? Was wollt ihr mir zeigen? (Lassen Sie einzelne Kinder Vorschläge machen, und organisieren Sie diese dann mit der ganzen Gruppe.)

## Auswertung

- ✤ Wann habt ihr den Wind besonders gern?
- ✤ Habt ihr schon einmal etwas Aufregendes mit dem Wind erlebt?
- ✤ Habt ihr schon einmal einen richtigen Sturm erlebt?
- ✤ Wozu braucht die Natur den Wind?
- ✤ Was geschieht in den großen Städten, wenn gar kein Wind weht?
- ✤ In welchen Teilen der Erde gibt es richtige Wirbelstürme?

# 33
# Ballonfahrt

## Ziele

In diesem Experiment können die Kinder aus einer anderen Perspektive Wolken und Luft studieren. Die Vorstellung einer Ballonfahrt kommt dem Abenteuersinn dieser Altersgruppe entgegen. (Alter: ab 10 J.)

## Anleitung

Ich möchte euch zu einer Ballonfahrt einladen. Setzt euch immer zu viert in einem kleinen Kreis zusammen, und wenn ihr mögt, könnt ihr dabei die Augen schließen, während ich erzähle. Stellt euch vor, daß ihr zu einem Flug mit einem Heißluftballon eingeladen worden seid. Und ehe ihr in den Korb klettern könnt, muß die Luft in der Ballonhülle erst einmal aufgeheizt werden. Aus einer großen Gasflasche bekommt der Brenner Nachschub, und seine langen Flammen pusten heiße Luft in die riesige Ballonhülle. Allmählich richtet sich die Ballonhülle auf, so daß sie genau über dem Korb steht, der noch mit dicken Seilen am Erdboden festgehalten wird. Ihr könnt immer zu viert Platz nehmen im Korb, der für eure kleine Gruppe bereitsteht. Außerdem wird noch ein Ballonführer mit an Bord gehen... Jetzt ist es soweit: Die Taue werden gelöst, und der Ballon zieht den Korb langsam höher und höher in die Luft. Ab und zu wird der Brenner eingeschaltet, damit der Ballon höher hinaufkommt. Ihr könnt auf eurer Hautoberfläche spüren, daß die Luft etwas kälter wird, je höher ihr kommt. Allmählich gewöhnt ihr euch an das Gefühl des Schwebens... Ihr schaut vom Korb hinunter auf die Erde. Stellt euch vor, daß ihr über diesen Ort fliegt, wo wir jetzt gerade sind. Was könnt ihr unten auf der Erde sehen, und wie sieht die Luft aus über diesem Ort?

Jetzt stellt euch vor, daß ihr über eine Großstadt fliegt, in der viele, viele Autos fahren, in der Fabriken sind, an deren Rand einige Kraftwerke stehen. Und wie sieht die Luft über dieser großen Stadt aus? Nun stellt euch vor, daß ihr weitergeflogen seid, und ihr kommt über ein Industriegebiet, wo es viele, viele große Schornsteine gibt, die Rauch in den Himmel blasen. Wie sieht die Luft dort aus?...

Und ihr fliegt weiter, und ihr könnt euch vorstellen, daß ihr über einen Urwald fliegt, und große Teile des Urwaldes sind ganz unversehrt. Ihr seht nur das grüne Dach der Bäume und dazwischen vielleicht einige Flüsse. Aber an einigen Stellen wird der Urwald mit Feuer gerodet. Wie sieht die Luft über diesen Gebieten aus, wo eine solche Brandrodung stattfindet?...

Nun stellt euch vor, daß ihr mit eurem Ballon über die Wüste fliegt. Die Luft ist dort ganz sauber und klar und heiß. Und unter euch könnt ihr die Sanddünen sehen und ab und zu eine kleine Oase. Und dann wird die Luft allmählich trübe und immer dunkler, und ihr fliegt über ein Gebiet, in dem die Ölquellen brennen. Welche Spuren macht der Qualm in der Luft über diesem Gebiet?

Zum Glück fliegt der Ballon weiter, und ihr kommt wieder in eine Gegend mit sauberer Luft. Über welches Gebiet würdet ihr jetzt gerne zum Ende eurer Reise noch fliegen?

Wie sieht die Luft dort aus?

Nun bereitet euch auf die Landung vor. Der Brenner wird abgeschaltet, und der Ballon sinkt langsam wieder herab, und ihr merkt, daß die Luft wieder wärmer wird, daß es unten auf der Erde anders riecht als dort oben. Und ihr steigt aus dem Ballon aus, und schüttelt etwas Arme und Beine aus, und vielleicht seid ihr auch ganz froh, daß ihr wieder auf festem Boden steht.

## Auswertung

- Über welchen Gebieten der Erde ist die Luft sauber?
- Über welchen Gebieten der Erde ist die Luft schon verschmutzt?
- Was macht die Luft über der Erde schmutzig?

- Was reinigt die Luft?
- Wo genießt ihr selbst frische und saubere Luft?
- Wie ist die Luft an dem Platz, wo du lebst?
- Was geschieht, wenn Menschen viel schmutzige Luft einatmen?

# 34 Die Luft

## Ziele

Im Rahmen einer geleiteten Phantasie können die Kinder die unterschiedlichen Qualitäten von Luft erleben. (Alter: ab 8 J.))

## Anleitung

Bitte setzt euch bequem hin, und holt ein paarmal tief Luft. Bemerkt, wie die Luft hier im Raume riecht. Zieht die Luft durch die Nase ein, und atmet durch den Mund aus... Ihr könnt euch gleich daran erinnern, wie unterschiedlich Luft riechen kann. Wie unterschiedlich es sein kann, Luft einzuatmen.

Könnt ihr euch erinnern, wie die Luft in eurer Wohnung riecht?... Wie riecht es in der Küche, wenn Mutter kocht? Wie riecht es, wenn Mutter euer Lieblingsgericht zubereitet?...

Wie riecht es in der Wohnung, wenn Mutter backt?...

Stellt euch vor, ihr seid am Meer, könnt ihr euch erinnern, wie die Luft dort riecht oder schmeckt? Stellt euch vor, ihr seid auf dem Land und ein Bauer hat seinen Acker gerade umgepflügt. Wie riecht die Luft, die von dieser frisch gepflügten Erde aufströmt?...

Stellt euch vor, ihr spielt auf einer Sommerwiese, und ihr zerdrückt ein paar Grashalme mit der Hand. Wie riecht die Luft, die den Duft des Grases enthält?...

Stellt euch vor, ihr geht durch die Stadt, ungefähr um fünf Uhr, wenn sehr viel Verkehr ist. Wie riecht die Luft von all den Autos? Und habt ihr schon einmal Smogalarm gehabt in einer Stadt? Wie riecht die Luft, wenn kein Wind weht und all die Abgase dicht auf dem Boden bleiben?...

Viel schöner ist die Luft, wenn man hoch auf einen Berg steigt und die Luft angenehm kühl und sauber ist. Könnt ihr diese Luft riechen?...

Wenn ihr irgendeine Luft gern habt und irgendwo besonders gern atmet, dann könnt ihr in eurer Phantasie jetzt dorthin gehen. Wie riecht und schmeckt die Luft dort?

Jetzt kommt wieder hierher und riecht, wie die Luft hier ist... Wir können die Fenster öffnen, und ihr könnt ein wenig schnuppern, wonach die Luft hier draußen duftet...

## Auswertung

- Wodurch wird die Luft schmutzig oder giftig?
- Wann können wir bemerken, daß die Luft schmutzig ist?
- Welche Luft riechst du am liebsten?
- Wie riecht die Luft in einer Höhle?
- Wie riecht die Luft in einem Krankenhaus?
- Wie riecht die Luft in einer Fabrik?
- Wie riecht die Luft in der Schule?

# 35
# Monolog einer Wolke

## Ziele

Etwas ältere Kinder können sich hier mit einer Wolke identifizieren und es genießen, in der Phantasie so weit oben zu schweben. (Alter: ab 10 J.)

## Anleitung

Stellt euch vor, daß ihr eines Tages einen Flugschein machen wollt, vielleicht, um ein Segelflugzeug zu steuern oder um ein kleines Sportflugzeug führen zu dürfen. Es reizt euch, durch die Luft zu gleiten und die Erde von oben auf ganz andere Weise betrachten zu können. Und ihr wißt natürlich, daß ein Flieger das Wetter studieren muß, und daß er aus Wind und Wolken erkennen kann, wann das Fliegen einigermaßen sicher ist und wann es Zeit wird zu landen. In so vielen Flugstunden lernt der Flieger die Wolken sehr, sehr gut kennen. Allmählich befreundet er sich mit ihnen. Er kennt die unterschiedlichsten Wolken: Regenwolken, Gewitterwolken, Sommerwolken usw., usw. Und ich möchte gerne, daß jeder von euch eine Geschichte von einer Wolke aufschreibt und erzählt, was das für eine Wolke ist, woher sie kommt, wohin sie geht, was alles in dieser Wolke enthalten ist und was es vielleicht für eine besondere Wolke ist. Und schreibt diese Geschichte aus der Ich-Perspektive, also ungefähr so: "Ich bin eine kleine weiße Wolke über der Ostsee."...

## Auswertung

- Welche verschiedenen Formen von Wolken kennt ihr?
- Könnt ihr von den Wolken ablesen, wie sich das Wetter verändern wird?
- Bist du schon einmal in den Wolken gewesen, im Gebirge oder beim Fliegen oder bei einer anderen Gelegenheit?
- Hast du schon mal eine künstliche Wolke gesehen, die nach einem großen Feuer oder nach einer Explosion entstand?
- Kennst du Menschen, die die Sprache der Wolken verstehen?

# 36
# Wind und Wolken

## Ziele

In diesem Experiment können sich die Kinder auf verschiedene Windphänomene konzentrieren, die sie faszinieren: Die Geräusche des Windes, seine unsichtbare Kraft, auch schwere Objekte zu bewegen, ja sogar, die Wolken am Himmel zu verschieben. (Alter: ab 6 J.)

## Anleitung

Als ihr heute morgen hierher kamt, habt ihr da irgendeinen Wind bemerkt? Wie bewegte sich die Luft ?...

Laßt uns heute ausprobieren, was der Wind alles tut. Bitte steht auf, und stellt euch um mich herum. Ich werde verschiedene Geräusche des Windes machen, und ihr bleibt auf der Stelle stehen und seid mein Echo, ihr macht die Geräusche nach.

Jetzt bin ich ein ganz, ganz leiser Wind, und ihr müßt die Ohren genau spitzen, wenn ihr mich hören wollt. Zeigt mir dann, daß ihr auch so feine Windgeräusche machen könnt. (Hauchen Sie die Luft durch die Lippen, so daß es gerade noch hörbar ist.) sch... sch... sch...

Jetzt bin ich ein leiser Wind, der die Blätter der Bäume zum Tanzen bringen kann. Zeigt mir gleich, daß ihr diese Windgeräusche auch machen könnt. SCH... SCH... SCH...

Nun bin ich ein kräftiger Wind, und ich werde kräftige Windgeräusche machen. Dieser Wind kann auch dicke Äste hin und her schaukeln und den Menschen die Hüte von den Köpfen reißen. Und zeigt mir gleich, daß ihr auch solche kräftigen Windgeräusche machen könnt...hui... hui... hui...

Jetzt bin ich ein Sturm, der um die Ecken heult und laut zu hören ist. Und zeigt mir, welche Geräusche euch selbst dazu einfallen. HUI... HUI... HUI...

Ja, das ist gut so... Jetzt werde ich die Windgeräusche wiederholen, und ihr zeigt mir bitte, wie sich der Wind bewegt. Zeigt mir zuerst die Windstille. Legt euch auf den Boden, und seid ganz bewegungslos.

Nun seid ein ganz leiser Wind, und zeigt mir im Liegen, wie sich der leise Wind bewegt zu den Geräuschen, die ich jetzt mache...sch... sch... sch...

Nun laßt den Wind etwas kräftiger werden. Kniet euch hin, und bewegt euch zu den Geräuschen, die ich jetzt mache. Zeigt mir im Knien, wie ihr eure Hände, den Oberkörper und den Kopf bewegen könnt. SCH... SCH... SCH...

Nun wird der Wind richtig kräftig, stellt euch hin, und zeigt mir, wie ihr euch zu meinen Geräuschen jetzt bewegen könnt. hui... hui... hui...

Und nun wird der Wind zum Sturm, und wenn meine Geräusche ganz laut sind, dann zeigt mir, wie sich der Sturm bewegt. Und diesmal könnt ihr durch den Raum laufen und euch wie der Sturm bewegen. HUI... HUI... HUI...

Kommt jetzt alle her zu mir, wir wollen ausprobieren, wie der Wind die Dinge bewegen kann, was der Wind mit Blättern und Blumen, mit Hüten und Regenschirmen tut.

Die Hälfte von euch soll sich hier im Halbkreis aufstellen und stehenbleiben. Diese Kinder machen gleich die Geräusche des Windes, und sie können sich verabreden, wie stark sie als Wind sein wollen... Die anderen Kinder werden uns zeigen, wie der Wind die Dinge bewegt...

Wie soll der Wind blasen?... Zeigt mir, wie dieser Wind ein Blatt bewegt, das vom Baum gefallen ist...

Stoppt, und diesmal seid ihr eine Feder. Wie will der Wind diesmal wehen?... Zeigt mir, wie sich die Feder zu diesem Wind bewegt.

Stoppt, und diesmal seid ihr ein Hut... Wie will der Wind den Hut blasen?... Zeigt mir, wie der Hut vom Wind bewegt wird...

Stoppt! Wie will der Wind diesmal wehen? Stellt euch eng zusammen, und seid ein Weizenfeld. Zeigt mir, wie der Wind das Weizenfeld bewegt.

Stoppt! Wie will der Wind jetzt wehen?... Stellt euch wieder auseinander, und seid ein junger Baum. Zeigt mir, wie der junge Baum vom Wind bewegt wird...

Stoppt, und jetzt wechselt bitte. Die anderen Kinder stellen sich jetzt im Halbkreis auf und sind der Wind und machen die Windgeräusche. Ihr seid ein Regenschirm, und wie will der Wind dazu blasen?... Zeigt mir, wie der Regenschirm von diesem Wind bewegt wird...

Stoppt und entscheidet, wie der Wind nun wehen will...

Diesmal seid ihr ein Drachen aus Papier oder Kunststoff. Zeigt mir, wie sich der Drachen bei diesem Wind bewegt...

Stoppt und verabredet euch, wie der Wind blasen soll...

Seid ein kleines Segelboot, und zeigt mir, wie sich das Segelboot von diesem Wind bewegen läßt.

Stoppt, und diesmal seid ihr Rauch, der aus einem Schornstein aufsteigt... Wie will der Wind jetzt wehen?... Zeigt mir, wie sich der Rauch von diesem Wind bewegen läßt...

Stoppt, und seid eine Wolke... Wie will der Wind nun blasen?... Zeigt mir, wie die Wolke von dem Wind bewegt wird...

Nun kommt alle zu mir, und stellt euch vor mich. Seid alle zusammen der Wind, und gebt euch die Hände. Ein Kind kann immer vorschlagen, was das für ein Wind sein soll, wie stark der Wind blasen soll. Ihr macht dann alle zusammen die Windgeräusche und die Bewegungen des Windes, und ich bewege mich dazu. (Lassen Sie die Kinder zwei bis drei Vorschläge realisieren.)

Jetzt können wir gleich noch ausprobieren, wie sich die Wolken bewegen. Welche Wolken kennt ihr, und wie bewegen sich die Wolken? (Lassen Sie die Kinder die verschiedenen Wolkentypen beschreiben. Und dann können immer einige Kinder, entsprechend der Wolkengröße, die Wolke realisieren, indem sie den Umriß der Wolke körperlich andeuten, eng zusammenstehend oder, indem sie einander an den Händen halten. Und diese Formation kann dann auch durch den Raum bewegt werden und die typische Bewegung der Wolke andeuten. Am schönsten ist es, wenn mehrere gleichartige Wolken jeweils durch den Raum ziehen.)

Zum Schluß können wir noch zeigen, wie manchmal die Wolken, die den Himmel verdunkelt haben, wieder verschwinden. Seid alle zusammen eine dicke dunkle Regenwolke... Und zum Glück wissen wir alle, daß auch die dunklen Wolken sich immer wieder auflösen. Zeigt mir die dicke dunkle Regenwolke... Und zeigt mir, wie die Wolke langsam immer heller und heller wird, bis sie am Schluß gar nicht mehr zu sehen ist.

## Auswertung

- ✤ Wie entsteht der Wind?
- ✤ Aus welcher Richtung weht der Wind in dieser Gegend am häufigsten?
- ✤ Auf welche Weise verändert der Wind unser Wetter?
- ✤ Woraus bestehen Wolken?
- ✤ Welche Wolken sind hoch am Himmel, welche bewegen sich

dichter über der Erde?

- Welche Wolken bringen schlechtes Wetter?
- Welche zeigen schönes Wetter?

# 37 Der Luftgott

## Ziele

Ältere Kinder können sich in diesem Experiment auf humorvolle Weise mit den verschiedenen Luftqualitäten beschäftigen. Ein ernstes Thema wird auf diese Weise interessant und aus einer anderen Perspektive erlebbar. (Alter: ab 10 J.)

## Anleitung

Ihr wißt, daß die Menschen in alten Zeiten überall Götter "gesehen" haben. Sie glaubten an Götter, die in den Bäumen lebten, an Götter, die im Wasser lebten, Götter, die auf den Spitzen der Berge lebten. Und das war sehr praktisch, denn die Götter verlangten von den Menschen, daß sie bestimmte Dinge nicht tun durften: Manche Bäume durften nicht abgeschlagen werden, und dadurch war diese Sorte Bäume geschützt. Manche Berge durften nicht bestiegen werden, dadurch blieben diese Berge unberührt. In manchen Fluß oder manchen See durfte kein Müll geworfen werden, dadurch blieb das Wasser rein. Wir glauben heute nicht mehr an die Götter. Aber die Natur hat davon keinen Vorteil.

Ich möchte, daß ihr euch vorstellt, daß die alten Götter noch einmal lebendig werden, und zwar vor allem die Luftgötter. Ihr könnt euch vorstellen, daß es einen Luftgott gibt, der irgendwo auf einem hohen Berg lebt. Alle paar Monate kommen die Luftgeister zu dem Luftgott, um ihm zu berichten, wie die Luft an den verschiedenen Plätzen der Erde ist. Der Luftgott überlegt sich dann jedes Mal, was er unternehmen will, damit die Luft auf der Erde so ist, wie sie sein soll. Und ich möchte, daß ihr uns nachher zeigt, wie die Luftgeister zum Luftgott kommen, um Bericht zu erstatten. Eine kleine Gruppe kann sich darauf vorbereiten, was der Gott der Luft nachher tun und sagen soll. Und dann brauchen wir noch sechs kleine Gruppen, die vorbereiten sollen, was die verschiedenen Luftgeister zu berichten haben.

Zunächst brauchen wir die Luftgeister von der Autobahn. Überlegt euch, was ihr alles über die Luft dort wißt, und stellt euch vor, wie es den Luftgeistern geht, die die Luft von der Autobahn tagein, tagaus atmen müssen. Wenn ihr nachher dem Luftgott berichtet, dann könnt ihr sehr schön zeigen, in welcher Verfassung ihr körperlich seid.

Und dann brauchen wir die Luftgeister aus einem Industriegebiet, wo viele Schornsteine von Fabriken, Kraftwerken und privaten Häusern tagein, tagaus Rauch und Gase in den Himmel blasen. Überlegt euch, was ihr über die Luft in einem solchen Industriegebiet wißt, und entscheidet, wie ihr nachher körperlich zeigen wollt, was das Einatmen dieser Luft mit euch Luftgeistern gemacht hat.

Außerdem brauchen wir noch die Luftgeister aus der Innenstadt, wo dichter Verkehr ist, der Wind schlecht herankommt und es außer den Autoabgasen noch eine Menge anderer Quellen der Luftverunreinigung gibt. Überlegt euch alles, was ihr über die Luft in der City wißt. Entscheidet, wie ihr nachher zeigen wollt, wie sich diese Art Stadtluft auf euch körperlich ausgewirkt hat.

Nun brauchen wir auch noch Luftgeister, die an Plätzen leben, wo die Luft besser ist.

Wer möchte zu den Luftgeistern des Waldes gehören?

Wer möchte zu den Luftgeistern des Meeres gehören?

Wer möchte zu den Luftgeistern des Gebirges gehören?

Überlegt euch auch, was ihr über die Luft an diesen Plätzen wißt und wie ihr nachher zeigen wollt, in welcher Form ihr körperlich seid, wenn ihr an diesen Plätzen lebt...

Laßt euch alle zehn Minuten Zeit, damit ihr euch vorbereiten könnt. Und nachher wird ein Kind den Gott der Luft spielen, und alle anderen sind die Luftgeister, die ihren Bericht abliefern. Und ganz zum Schluß können wir vielleicht alle beraten, was der Gott der Luft beschließen soll, um auf der Erde für Ordnung zu sorgen. Und das kann der Luftgott dann den Luftgeistern mitteilen, wenn er sie an die verschiedenen Plätze zurückschickt.

## Auswertung

- Wo ist die Luft in der näheren Umgebung besonders schmutzig?
- Wo ist sie etwas frischer?
- An welchen Plätzen in Deutschland ist die Luft besonders giftig?
- Welche Gase machen die Luft giftig?
- Wodurch wird die Luft zum Teil wieder gereinigt?
- Welche Luftprobleme gibt es auf dem Erdboden?
- Welche Luftprobleme gibt es in zehn Kilometer Höhe in der äußeren Lufthülle der Erde?
- Wozu brauchen Pflanzen die Luft?
- Wozu brauchen Tiere und Menschen die Luft?
- Worauf kann jeder achten, damit die Luft wieder reiner werden kann?

# 38
# Stilles Wasser - bewegtes Wasser

## Ziele

Wasser ist das Element, das den Kindern gefühlsmäßig am längsten vertraut ist. Als kleine Kinder genießen sie es, gebadet zu werden; wenn sie größer werden, spielen sie gerne mit Wasser, und noch später sind sie mit Feuereifer dabei, schwimmen zu lernen, um sich dann wie ein Fisch im Wasser zu bewegen.

In diesem Experiment können die Kinder verschiedene elementare Bewegungsformen des Wassers zum Ausdruck bringen.
(Alter: ab 6 J.)

## Anleitung

Ihr wißt, daß alles, was lebt, immer wieder Wasser braucht. Ohne Wasser verdursten die Blumen, und wenn wir nicht jeden Tag eine Menge trinken, dann werden wir krank. Aber das Wasser ist nicht nur wichtig zum Leben, es macht Tieren und Menschen viel Spaß, sich im Wasser zu bewegen. Das Wasser kann so weich sein, so erfrischend, so aufregend. Wir können gleich ausprobieren, wie unterschiedlich das Wasser ist, das wir an den verschiedenen Plätzen treffen...

Steht bitte auf, und setzt euch auf den Boden. Stellt euch vor, daß ihr eine ganz kleine Blume seid. Die Blume braucht natürlich immer wieder Wasser, um schöne frische Blätter zu haben, einen geraden Stengel und frische Blüten. Einen Teil des Wassers holt sie durch ihre Wurzeln und einen Teil durch ihre Blätter. Und an jedem Morgen kommt der Tau, der eure Blätter erfrischt. Ihr könnt gleich die Augen schließen und abwarten, daß der Tau kommt. Ich werde herumgehen und jeder kleinen Blume ein paar Tautropfen geben, indem ich sie zart berühre, und ihr könnt euch dann sehr erfrischt fühlen... (Berühren Sie die Blumen ganz unterschiedlich, wie es zu dem jeweiligen Kind paßt, am Kopf, auf den Schultern, Armen und Händen. Deuten Sie die Tautropfen mit ihren Fingerspitzen an.)

Nun steht bitte auf, und stellt euch um mich herum. Bildet einen schönen regelmäßigen Kreis. Stellt euch vor, daß ihr alle zusammen eine große Quelle seid, die mit Steinen eingefaßt ist. Und das Wasser ist ganz still, und wenn der Wind geht, gibt es manchmal ganz kleine Wellen. Legt eure Hände behutsam auf die Wasseroberfläche, alle in der gleichen Höhe, und spürt, wie still das Wasser ist und wie erfrischend... Bewegt jetzt ein wenig die Hände, wenn der Wind das Wasser kräuselt, und laßt sie wieder zur Ruhe kommen, wenn der Wind aufhört...

Habt ihr schon einmal einen Strudel gesehen? In einem Strudel dreht sich das Wasser ganz schnell im Kreis herum. (Wenn möglich, zeigen Sie den Kindern die Strudelbewegung des Wassers anhand einer kleinen mit Wasser gefüllten Schüssel.) Und verteilt euch jetzt im Raum, zeigt mir, wie das Wasser strudelt... Fertig, los... Und bleibt still stehen. Zeigt mir nun auf verschiedene Weise, wie das Wasser strudeln kann. Dreht euch auf zwei Füßen herum, die Arme weit ausgestreckt...

Dreht euch auf zwei Füßen herum, und bewegt die ausgestreckten Arme dabei nach oben und nach unten... mal ist der eine Arm oben, mal der andere.

Setzt euch jetzt auf euren Po, und wirbelt ganz unten herum. Könnt ihr dabei die Beine hochstrecken?... Und nun springt auf, und stellt euch auf ein Bein. Wirbelt auf einem Bein herum, und stoppt jetzt...

Und nun laßt den Strudel in sich zusammenfallen, und geht tiefer und tiefer, bis ihr sitzt.

Und denkt jetzt an das Wasser im Meer. Was passiert, wenn die Wellen gegen eine Schiffswand prallen oder gegen die Felsen am Ufer... richtig, es spritzt auf. Zeigt mir zuerst mit euren Händen, wie das Wasser aufspritzt.

Nun stellt euch hin, und zeigt mir mit eurem ganzen Körper, wie das Wasser aufspritzt...

Jetzt kommt zu zweit zusammen, und zeigt mir, wie das ist, wenn zwei Wellen zusammentreffen und aufspritzen. Prallt zusammen, ohne euch zu berühren, und zeigt mit dem ganzen Körper, wie ihr aufspritzt...

Nun kommt eng zu mir heran, und legt euch im Kreis um mich herum auf den Boden, ohne daß ihr euch berührt. Stellt euch vor, daß ihr auf einem Floß mitten im Meer treibt. Es geht ein leichter Wind, und das Meer schaukelt das Floß ganz leicht hin und her. Breitet die Arme ein wenig aus, und legt die Hände auf das warme Wasser, und zeigt mir, wie das ist, wenn ihr vom Wasser des Meeres sanft gewiegt werdet... Nun wird das Meer ganz still, und ihr bewegt euch nicht mehr. Holt ein paarmal tief Luft, und erinnert euch daran, wie frisch und salzig die Luft des Meeres riechen kann... Und kommt nun zurück zu euren Plätzen.

## Auswertung

- Bist du morgens schon einmal durch die Natur gegangen, wenn es
- frischen Tau gab?
- Woher bekommt eine Quelle ihr Wasser?
- Hast du schon einmal eine Quelle gesehen, aus einer Quelle getrunken?
- Warum ist das Wasser aus Quellen meistens so rein?
- An welchen Stellen bildet das Wasser Strudel?
- Warum sind Strudel für Menschen so gefährlich?
- Wie hoch können Wellen werden?
- Kannst du schon schwimmen?
- Kennst du jemanden, der eine richtige Wasserratte ist?

# 39
# Regen

## Ziele

Regen ist für kleine Kinder vor allem deshalb interessant, weil der Ursprung des Wassers unsichtbar bleibt. Der ganze Vorgang ist überraschend und geheimnisvoll. Später lernen die Kinder, wie unterschiedlich der Regen sein kann. In diesem Experiment können die Kinder ganz unterschiedliche Bewegungsformen praktizieren und genießen. (Alter: ab 6 J.)

## Anleitung

Manchmal freuen wir uns darüber, wenn es regnet, manchmal sind wir traurig, weil der Regen unsere Pläne durchkreuzt. Laßt uns untersuchen, wie unterschiedlich der Regen auf die Erde kommt. Verteilt euch im Raum. Macht euch ganz groß und lang, und stellt euch auf eure Zehenspitzen, und dann springt plötzlich und kräftig mit euren Füßen auf den Boden. Macht das ein paarmal...

Seid nun ein kräftiger Regen mit großen dicken Regentropfen. Zeigt mir mit euren Füßen, wie diese schweren Tropfen auf den Boden prasseln.

Nun zeigt mir mit euren Händen, wie die Regentropfen auf den Boden prasseln...

Schlagt abwechselnd mit den Händen und trampelt dann mit den Füßen auf den Boden. Stellt euch vor, daß das ein richtiger Regenguß ist...

Und nun schlagt mit den Händen auf eure Füße, und springt gleichzeitig in die Luft...

Jetzt klatscht in die Hände, und springt in die Luft...

Aber die Regentropfen können euch überall berühren. Zeigt mir mit euren Händen, wo euch die Regentropfen überall treffen können. Schlagt mit den Händen auf eure Beine und springt in die Luft...

Schlagt die Hände über dem Kopf zusammen, und springt hoch in die Luft...

Schlagt mit den Händen auf eure Brust, und springt hoch in die Luft...

Stellt euch nun vor, daß es ein wirkliches Unwetter ist. Zeigt mir, wie unendlich viele Regentropfen überall hinfallen und aufprallen. Ihr könnt so viele Bewegungen dazu machen, und springt immer wieder zwischendurch in die Luft und zeigt mir, daß der Regen von oben herabfällt... (1 Min.)

Nun stoppt, und setzt euch hin. Die Hälfte von euch kann mir gleich zeigen, wie das Regenwasser langsam an der Fensterscheibe herunterläuft oder wie es in kleinen Bächen über den Gehweg läuft oder in einen größeren Bach zum Siel in der Straße. Breitet die Arme weit aus, und bewegt euch wie das langsam abfließende Regenwasser. Und die andere Hälfte sitzt ganz still.

Stoppt jetzt, und setzt euch still hin. Nun stehen die anderen Kinder auf und zeigen mir, wie das Regenwasser langsam, langsam über Wege und Straßen läuft, und immer kommt neues Wasser dazu, und das Wasser läuft und läuft und läuft...

Stoppt nun, und kommt zu zweit zusammen. Einer von euch ist ein Baum, der lange kein Wasser mehr bekommen hat. Stellt euch hin wie ein durstiger Baum, dessen Blätter auf den Regen warten. Das andere Kind ist der Regen, und mit den Fingerspitzen könnt ihr gleich die vielen, vielen Blätter des Baumes erfrischen, indem ihr mit euren Fingerspitzen trommelt und klopft... (1 Min.)

Nun wechselt, so daß das andere Kind der Baum wird, der auf den Regen wartet... (1 Min.)

Zum Schluß laßt uns einen Regentanz machen. Teilt euch in zwei Gruppen. Die eine Gruppe wird immer still stehen, wenn sich die andere Gruppe bewegt. Und jede Gruppe zeigt uns eine besondere Art, wie der Regen fällt. Ein Kind zeigt die Bewegung, und die anderen wiederholen diese Bewegung dreimal. Dann bleibt die Gruppe still stehen, und die andere Gruppe wiederholt die Bewegung ebenfalls dreimal. Danach erfindet ein Kind aus dieser Gruppe eine neue Regenbewegung, und die anderen Kinder der eigenen Gruppe wiederholen die Bewegung dreimal. Und so geht es eine Zeitlang weiter.

### Auswertung

- ✤ Was ist in einem Regentropfen?
- ✤ Wo ist der Regen ganz sauber?
- ✤ Wann gibt es schwarzen Regen?
- ✤ Wie entsteht der Regen?
- ✤ In welchen Gebieten der Erde gibt es ganz wenig Regen?
- ✤ In welchen Gebieten der Erde regnet es nur zu bestimmten Zeiten?
- ✤ Und wozu braucht die Natur den Regen?
- ✤ Habt ihr euch schon einmal über Regen gefreut?
- ✤ Hast du schon einmal etwas Besonderes bei Regen erlebt?

## 40
## Wellen

### Ziele

Die Wellen des Meeres sind für die Kinder oft beeindruckend. Vor allem der gleichbleibende Rhythmus der Wellen fasziniert sie. In diesem Experiment können die Kinder diesen Rhythmus nachempfinden. (Alter: ab 6 J.)

## Anleitung

Wenn wir an einem Teich sind, dann ist das Wasser manchmal ganz still. Und am Meer ist das Wasser meistens sehr lebendig, und wir können die Wellen bewundern, die immer neu ans Ufer kommen.

Bitte steht auf, und stellt euch irgendwo hin. Steht an einem ganz ruhigen Teich, und legt die Hände auf die Oberfläche des Wassers. Zeigt mir, daß das Wasser jetzt ganz still ist.

Jetzt ist gerade ein kleines Ruderboot vorbeigefahren, und ein paar kleine Wellen kommen zu euren Händen. Zeigt mir, was die Wellen mit euren Händen machen...

Stellt euch jetzt alle um mich herum, und haltet die Hände wieder auf das Wasser des Teiches. Stellt euch vor, daß ich einen Stein mitten in den Teich werfe, und von dieser Stelle gehen eine Menge kleiner Wellen aus, und wenn sie zu euren Händen kommen, könnt ihr mir zeigen, wie eine Welle nach der anderen die Hände hebt und senkt...

Nun stellt euch vor, daß ihr am Meer seid, und die Wellen sind dort viel größer. Verteilt euch im Raum, und zeigt mir, wie eine riesengroße Welle sich erhebt und dann wieder herabstürzt. Zeigt die Bewegung mit euren Händen zuerst und dann mit dem Körper...

Macht das Ganze nun sehr, sehr langsam. Steigt Zentimeter für Zentimeter hoch, und dann fallt Stück für Stück in euch zusammen, bis ihr auf dem Boden seid...

Versucht, ob ihr alle einen gemeinsamen Rhythmus finden könnt. Zeigt mir, daß alle Wellen zur gleichen Zeit nach oben gehen und zur gleichen Zeit hinabgleiten...

Kommt jetzt immer zu viert zusammen, und seid zusammen eine große Welle. Zeigt mir, wie die Welle langsam und mächtig durch das Meer rollt, bis sie am Ufer ankommt...

Nun stellt euch vor, daß ihr beim Baden in der Brandung seid. Laßt eine Welle kommen, die euch runterdrückt, und taucht dann aus der Welle wieder auf. Zeigt mir, wie ihr runtergedrückt werdet und wieder hochspringt. Und macht das ein paarmal...

Nun zeigt mir das ganz langsam. Laßt eine besonders große Welle herankommen, die euch Zentimeter für Zentimeter nach unten drückt, und irgendwann könnt ihr euch vom Boden wieder abdrücken und nach oben durch das Wasser hindurchspringen, so daß der Kopf wieder in der Luft ist...

Und nun kommt immer zu zweit zusammen, und macht einen Wellentanz. Der eine von euch ist die Welle, die nach oben steigt und dann nach unten fällt und wieder aufsteigt, und das andere Kind badet in der Brandung und wird von der Welle immer runtergedrückt und springt wieder nach oben, wenn die Welle in sich zusammengefallen ist. Versucht, daß ihr einen gemeinsamen Rhythmus findet.

### Auswertung

- Badest du gern in der Brandung?
- Wie hoch können die Wellen auf dem Meer werden?
- Wer von euch wird leicht seekrank?
- Kennt ihr Gegenden, wo die Wellen des Meeres das Land "anknabbern"?
- Was machen die Wellen mit den Steinen und Muscheln, die in der Brandungszone liegen?
- In welchen Meeren gibt es die größten Wellen?

# 41 Überall Wasser

## Ziele

In diesem Experiment haben die Kinder Gelegenheit, die verschiedenen Manifestationen von Wasser durch ihre Bewegungen zu interpretieren. (Alter: ab 6 J.)

## Anleitung

Überall auf der Erde gibt es Wasser. Ein großer Teil der Erdoberfläche ist von Wasser bedeckt. Manchmal kommt das Wasser von oben, manchmal kommt es von unten, und sehr oft gelangt das Wasser an Plätze, wo wir es gar nicht haben wollen.

Stellt euch hin, und denkt daran, daß früh am Morgen der Tau auf die Pflanzen und auf die Erde fällt. Zeigt mir, wie die winzig kleinen Tautropfen aus der Luft herabfallen...

Aus der Luft fällt natürlich auch der Regen. Zeigt mir, wie ein feiner Nieselregen auf die Erde fällt... Zeigt mir jetzt, wie dicke, dicke Regentropfen herabfallen...

Wenn es geregnet hat und wenn die Sonne dann heiß scheint, dann entsteht Wasserdampf, der aufsteigt. Zeigt mir nun, wie feiner Wasserdampf von der feuchten Erde aufsteigt. Legt euch auf den Boden, laßt die Sonne einen Augenblick euch erhitzen, und zeigt mir diesen feinen, feinen Wasserdampf, der nach oben steigt...

Setzt euch auf den Boden, und stellt euch vor, daß ihr ein Springbrunnen seid. Ein kleiner oder ein großer, wie ihr wollt. Zeigt mir, wie das Wasser immer neu aus dem Springbrunnen aufsteigt und wieder runterfällt. Wenn es zu eurem Springbrunnen paßt, könnt ihr mir auch im Stehen zeigen, wie der Wasserstrahl aufsteigt und wieder runterfällt...

Nun könnt ihr euch vorstellen, daß irgendwo aus der Erde mit hohem Druck eine heiße Quelle nach oben spritzt. Auf Island gibt es viele solche heißen Quellen, die viele, viele Meter hoch werden. Zeigt mir, wie das Wasser mit großer Gewalt und dampfend in den Himmel schießt... Nun setzt euch alle um mich herum, und stellt euch vor, daß ihr eine Wasserorgel seid... Jedes Kind ist ein Teil der Wasserorgel. Die Kinder, auf die ich zeige, schicken ihr Wasser nach oben wie ein Springbrunnen und lassen es wieder zusammenfallen, wenn ich es ihnen zeige. (Am schönsten ist es, wenn Sie jetzt eine passende Musik spielen und dann die Kinder abwechselnd durch Gesten auffordern, ihr Wasser auf- oder absteigen zu lassen.)

Nun laßt uns darüber beraten, wie wir zeigen können, wie sich das Wasser an den verschiedenen Plätzen der Erde bewegt. (Besprechen Sie jeweils eines der Wasserphänomene, und lassen Sie die Kinder es dann interpretieren. Interessant können sein: Quelle, Wasserfall, Bach, Fluß, Ozean, Gebirgsbach, Ebbe und Flut, Schwimmbad, Schleuse, Stausee, Kanal, Stromschnelle, Sturmflut, Überschwemmung etc.)

## Auswertung

- An welchen Stellen versuchen die Menschen, den Lauf des Wassers künstlich zu beeinflussen und mit welchen Mitteln?
- Wodurch schützen sich Menschen vor dem Wasser?
- Welche großen Flutkatastrophen sind mir bekannt?
- Wodurch entsteht eine Sturmflut?
- Wodurch entstehen Überschwemmungen?
- Welche Gefahren entstehen, wenn der natürliche Lauf des Wassers eingeschränkt wird?
- Welche Tiere leben in Überschwemmungsgebieten?
- Warum kommt das Wasser "überall hin"?

# 42
# Schwimmen

## Ziele

Dies ist ein sehr angenehmes Experiment für die Kinder. Kinder, die schon schwimmen können, genießen diese Aktivität, und andere Kinder, die noch nicht schwimmen können, können sich auf diesem Wege darauf einstellen. (Alter: ab 6 J.)

## Anleitung

Manche von euch können schon schwimmen, und einige lernen es gerade, und wieder andere werden vielleicht demnächst anfangen, Schwimmunterricht zu nehmen. Aber in unserer Phantasie können wir alle schwimmen. Ich will euch zeigen, wie ihr das machen könnt.

Steht bitte auf, und stellt euch ganz still irgendwo hin. Schließt die Augen, und stellt euch vor, daß ihr in einem warmen Wasser schwebt, ungefähr so, wie ein Fisch im Wasser steht mit ganz sanften, kleinen Bewegungen. Und macht nun ganz zarte Bewegungen... das Wasser trägt euch so leicht, und ihr schwebt und schwebt und ruht euch dabei aus...

Und einige von euch bewegen vielleicht die Ellbogen, andere die Köpfe, die Finger, alles ganz leicht und sanft...

Und nun könnt ihr im Wasser schwimmen und euch dabei kräftiger bewegen. Ihr könnt die Augen geschlossen halten oder öffnen, wie ihr wollt... Und macht jetzt bitte die Bewegung, die man beim Brustschwimmen macht. Streckt die Hände gegeneinander gelegt ganz nach oben über den Kopf, und öffnet dann die Arme ganz weit und breitet sie aus, und führt die Hände vor der Brust wieder zusammen...

Und stoßt die Hände wieder nach oben, öffnet die Arme, und schließt sie wieder vor der Brust...

Und wenn ihr die Arme ausstreckt, dann streckt sie so weit aus, wie ihr nur könnt...

Wenn ihr die Arme öffnet, dann beugt den Rücken ein wenig, und macht euch so breit, wie es nur geht, biegt die Knie auch ein wenig ein. Geht bei allen Bewegungen mit dem Körper mit, und macht das ein paarmal...

Nun geht in die Knie, wenn ihr die Arme breit macht, und wenn ihr die Arme wieder nach oben führt, dann richtet euch mit dem ganzen Körper auf, und macht euch so lang es irgend geht. Laßt euren Rücken kräftig mitmachen...

Jetzt könnt ihr probieren, auch die Beine zu benutzen. Legt euch auf den Rücken, und laßt eure Beine in der Luft schwimmen. Zieht die Knie an den Körper mit geöffneten Beinen, schließt sie und stoßt sie nach hinten...

Könnt ihr mir auch zeigen, wie ihr euch bewegen wollt, wenn ihr taucht? Steht auf, und laßt euch irgendeine Haltung einfallen, die dazu paßt... Und noch eine und noch eine...

Stellt euch vor, daß ihr mit Schwimmflossen und einer Taucherkappe ausgerüstet seid. Legt euch auf den Boden, diesmal auf den Bauch, und zeigt mir, wie ihr euch bewegen könnt. Bewegt kräftig die Füße mit den Schwimmflossen, und stellt euch vor, was ihr alles Interessantes im Wasser vor euch sehen könnt...

Nun stellt euch wieder hin, und öffnet die Augen. Stellt euch vor, daß ihr in einem südlichen Meer schwimmt, wo es Korallen gibt und Seeanemonen und interessante bunte Fische. Und ihr könnt mit oder ohne Taucherkappe und Schwimmflossen schwimmen, ganz wie ihr wollt. Und zeigt mir nun, wie ihr euch in diesem warmen klaren Wasser bewegen wollt...

## Auswertung

✤ Wann hast du Schwimmen gelernt?

✤ Tauchst du auch gern?

✤ Wie gehst du am liebsten ins Wasser - langsam Schritt für Schritt, mit einem Kopfsprung oder mit einem Fußsprung?

- ✤ Kennt ihr Tiere, die besonders gute Schwimmer sind?
- ✤ Welche Säugetiere sind gute Schwimmer?
- ✤ Wie lange kannst du die Luft anhalten?
- ✤ In welchem Wasser schwimmt ihr am liebsten?

# 43
# Kreislauf des Wassers

## Ziele

In diesem Phantasieexperiment können etwas größere Kinder den Kreislauf des Wassers interpretieren. (Alter: ab 10 J.)

## Anleitung

Ihr wißt, daß das Wasser an so vielen Stellen der Erde vorkommen kann. Manchmal sehen wir das Wasser ganz direkt, und manchmal gibt es auch Wasser ganz in unserer Nähe, das wir nicht sehen. In der Luft dieses Raumes ist eine ganze Menge Wasser, aber wir können diesen Wasserdampf mit unseren Augen nicht sehen. Wenn wir eine große, kalte Glasscheibe hier aufstellen würden, dann würden sich ziemlich schnell kleinere Wassertröpfchen auf ihr sammeln. Ich möchte euch gleich auf eine Reise schicken, mit der ihr den Weg des Wassers mitgehen könnt. Steht bitte auf, und beginnt herumzugehen. Stellt euch vor, daß ihr ein kleiner Fisch seid, der in einem kleinen Bach schwimmt. Zeigt mir nun, wie sich dieser Fisch bewegt...

Jetzt stellt euch vor, daß ihr das Wasser des Baches seid. Zeigt mir, wie sich das Wasser des Baches bewegt. Und vielleicht springt das Wasser ein wenig hin und her und stößt gegen Steine, die im Bach liegen oder gegen die Wurzeln von Bäumen, die am Rand des Baches wachsen...

Stellt euch vor, daß der Bach in einen großen Fluß eingemündet ist. Seid nun das Wasser dieses großen Flusses. Laßt diesen Fluß sich viel langsamer bewegen, und zeigt mir, wie dieser breite mächtige Fluß sich bewegt...

Irgendwann strömt dieser breite große Fluß in das Meer. Das süße Wasser vermischt sich mit dem salzigen Wasser des Ozeans. Seid nun ein Teil des Meeres. Zeigt mir, wie ihr euch als Wasser des Meeres bewegt. Soll das Wasser verhältnismäßig ruhig sein, oder habt ihr es gerne, wenn das Meer schöne große Wellen zeigt?...

Laßt jetzt das Wasser des Meeres ganz still sein, und stellt euch vor, daß die Sonne mit all ihrer Kraft auf das Meerwasser scheint... Ein Teil des Wassers wird davon ganz heiß und verwandelt sich in Wasserdampf. Verwandelt euch nun in den Wasserdampf und zeigt mir, wie ihr euch als feiner Wasserdampf bewegt, wie ihr aufsteigt, höher und höher, in den Himmel hinauf... Und oben am Himmel bildet der feine Wasserdampf große Wolken. Laßt die Wolke dicker und dicker werden zu einer richtigen Regenwolke. Zeigt mir, wie ihr euch als Regenwolke über dem Meer bewegt... Ihr macht eine lange Reise und kommt nun über das Land. Dort trefft ihr auf kalte Luft hoch oben am Himmel. Die vielen kleinen Wassertropfen schließen sich zusammen und werden zu Regentropfen. Werdet nun immer schwerer, und seid ein dicker, dicker Regentropfen. Zeigt mir, wie ihr als Regentropfen auf die Erde fallt... Steht wieder auf.

Manchmal gibt es weiter unterhalb der Wolke noch ganz kalte Luftschichten, in denen die Regentropfen gefrieren und zu Hagelkörnern werden. Zeigt mir bitte, wie sich ein dickes Hagelkorn bewegt und auf die Erde fällt...

Manchmal bildet der Wasserdampf in den Wolken auch Schneeflocken, wenn die Luft in den Wolken ganz kalt ist. Zeigt mir nun, daß ihr eine Schneeflocke seid und wie ihr sanft auf die Erde schwebt...

Im Winter, wenn viel Schnee liegt, dann baut ihr gern einen Schneemann. Zeigt mir, wie so ein Schneemann dasteht, den die Kinder gebaut haben. Steht da als kalter Schneemann, ganz regungslos...

Wenn es wieder wärmer wird und die Sonne kräftig scheint, dann schmilzt der Schneemann. Zeigt mir, wie der Schneemann schmilzt und zu einer großen Pfütze Wasser wird, die am Boden liegt...

Ein Teil des Wassers sinkt in die Erde ein, und ein anderer Teil des Wassers verdunstet in der Sonne und wird wieder zu Wasserdampf. Und dieses Wasser wird wieder aufsteigen und alle Schritte wiederholen, die ihr eben schon gegangen seid. Und ihr könnt jetzt selbst entscheiden, welche Art Wasser ihr sein möchtet und wo ihr sein möchtet. Und ihr könnt mir zeigen, was ihr als Wasser gern tun möchtet... (1 Min.)

Nun stoppt bitte, schüttelt Arme und Beine aus und kommt auf euren Platz zurück.

## Auswertung

- Wie kann man in der Wüste Wasser gewinnen?
- Wie kommt es, daß unter der Wüste oft so viel Wasser ist?
- Wie tief ist das tiefste Meer?
- Kennt ihr Seen, die sehr hoch liegen?
- An welchen Stellen der Erde liegt immer Eis?
- Was nimmt mehr Platz ein auf der Erde, das Land oder das Wasser?
- Wie sieht es auf dem Meeresboden aus?
- Wie schwer kann eine Wolke sein?
- Wo bildet sich der meiste Wasserdampf?
- Was würde geschehen, wenn es nicht mehr regnen würde?
- Wo bleibt das Wasser, das in die Erde einsinkt?

# 44
# Ein Wassertropfen

## Ziele

Größere Kinder können hier all das zusammenbringen, was sie über das Wasser schon wissen. Durch die gewählte Ich-Perspektive können sie eine Erlebnishaltung einnehmen und das "Schicksal" des Wassers auch gefühlsmäßig nachvollziehen. (Alter: ab 10 J.)

## Anleitung

Jeden Tag benutzen wir alle so viel Wasser. Wir trinken es, wir waschen uns damit, und manchmal schwimmen wir darin. Ich habe ein Glas Wasser mitgebracht, und ihr könnt alle den kleinen Finger hineinhalten, so daß an eurer Fingerspitze ein Wassertropfen hängenbleibt. Wenn ihr den Wassertropfen vorsichtig gegen das Licht haltet, dann seht ihr, wie das Licht in ihm aufblitzt. Ich möchte, daß ihr euch vorstellt, was so ein Wassertropfen erleben kann. Ihr könnt entscheiden, welchen Weg eurer Wassertropfen nehmen soll, durch Wasserleitungen, Flüsse, Meere, Wolken. Ihr könnt ihn überall hinreisen lassen. Schreibt gleich auf, was der Wassertropfen dabei erlebt. Schreibt die Erlebnisse des Wassertropfens in der Ich-Form auf. Beginnt also: "Ich bin ein kleiner Wassertropfen, und ich bin gerade da und da."... Nehmt euch 20 Minuten Zeit, um eure kleine Geschichte aufzuschreiben...

## Auswertung

- Was ist das Schlimmste, was einem Wassertropfen passieren kann?
- Was gefällt einem Wassertropfen am besten?

- Kennt ihr Plätze, wo Wassertropfen nur sehr schwer hinkommen?
- Aus wieviel Wassertropfen besteht ein Mensch?
- Was könntet ihr sehen, wenn ihr einen Wassertropfen unter einem Elektronenmikroskop betrachten würdet?
- Welche "Lebewesen" sind in einem Tropfen Flußwasser?
- Welche Elemente enthält ein Tropfen Trinkwasser?
- Warum braucht eine Autobatterie destilliertes Wasser?
- Warum ist das Leben im Wasser entstanden?

# 45 Fühlen wie ein Fluß

## Ziele

Größere Kinder können sich in diesem Experiment mit dem Schicksal eines Flusses identifizieren, indem sie den Monolog eines Flusses aufschreiben. (Alter: ab 10 J.)

## Anleitung

Jeder von uns hat seine Lieblingsplätze und seine Lieblingsbäume, seine Lieblingsberge und auch seine Lieblingsflüsse. Sucht euch den Fluß heraus, den ihr besonders gern habt. Vielleicht ist es ein Fluß, zu dem ihr mit Vater zum Angeln geht; vielleicht ist es ein Fluß, auf dem ihr manchmal rudert, oder ganz einfach ein Fluß, den ihr euch gerne anschaut. Irgendwo beginnt dieser Fluß als kleine Quelle, und dann strömt er auf vielen, vielen Kilometern ins Meer oder in einen größeren Strom. Auf dem Wege dahin münden wieder andere kleine Gewässer hinein, so daß er allmählich größer und größer wird. Unterwegs erlebt der Fluß soviel. In ihm gibt es eine Menge Lebewesen, und je nachdem wie sauber das Wasser des Flusses ist, tummeln sich auch große und kleine Fische darin. Auf dem Fluß fahren vielleicht kleine und große Schiffe, Brücken spannen sich darüber, manchmal gibt es Schleusen und Stauwehre, die das Wasser regulieren. An einigen Stellen muß ein Fluß manchmal durch künstliche Ufer hindurchströmen. Und auf dem Boden der Flüsse gibt es soviele Dinge, die man von außen gar nicht sehen kann. Natürlich gelangt noch sehr viel mehr in den Fluß, an vielen Stellen leiten die Menschen Abwässer ein, und das mögen die Flüsse gar nicht gern. Stellt euch vor, daß dieser Fluß, den ihr gern habt, sprechen kann, daß er mit seiner geheimnisvollen Stimme nachts, wenn das Mondlicht auf dem Fluß glänzt, erzählt, was er alles erlebt und wie ihm zumute ist. Und stellt euch vor, daß ihr die Stimme des Flusses verstehen könnt und daß ihr seine Worte aufschreiben könnt. Laßt den Fluß z.B. so beginnen: "Ich bin die Ilmenau, und ich fließe durch die Lüneburger Heide."... Wenn ihr wollt, könnt ihr auch überlegen, ob die Gedanken des Flusses einen besonderen Empfänger haben sollen. Das könnt ihr selbst entscheiden. Ihr habt zwanzig Minuten Zeit, um die Gedanken und die Gefühle des Flusses aufzuschreiben...

## Auswertung

- Wozu braucht die Natur die Flüsse?
- Was wäre, wenn es keine Flüsse gäbe?
- Warum ist es so gefährlich, wenn die Flüsse vergiftet sind?
- Was müssen die Menschen tun, damit die Flüsse wieder sauberer
- werden?
- Welche giftigen Stoffe werden im Wasser der Flüsse transportiert?
- Woran kann man merken, daß das Wasser eines Flusses vergiftet ist?
- Wie lange dauert es, bis ein Fluß wieder gesund wird?

- Welche Tiere leben in einem gesunden Fluß?
- Welche Tiere leben an den Ufern eines gesunden Flusses?

# 46 Die Erde

## Ziele

Wir versuchen mit diesem Experiment, das letzte der vier Elemente für die Kinder interessant zu machen. Vermutlich ist es so, daß Erwachsene und Kinder die Erde eher als Selbstverständlichkeit betrachten und ihr daher auch die geringste Aufmerksamkeit widmen. Diese Instrumentalisierung der Erde hat natürlich ihre Tücken, und es ist wichtig, daß wir alle auch der Erde eine gewisse liebevolle Beachtung zukommen lassen. (Alter: ab 6 J.)

## Anleitung

Vielleicht hat jemand von euch einen Onkel oder Großvater, der in der Landwirtschaft arbeitet. Und für die Bauern ist es immer sehr spannend, wenn sie über ihre Felder gehen. Sie achten genau auf die Erde, wie feucht oder wie trocken sie ist, wieviel Steine auf dem Acker liegen, wann gesät oder gedüngt werden muß. Die Erde ist für sie das Wichtigste, weil Pflanzen und Tiere von ihr leben. Aber die Erde kann auch für uns interessant sein, wenn wir uns etwas Zeit dafür nehmen. Wir werden gleich in unserer Phantasie ein wenig über die Erde gehen, die so unterschiedlich sein kann.

Steht bitte auf, und legt euch irgendwo auf den Boden. Stellt euch vor, daß ihr ein Stein seid, ein ganz alter Stein, der schon lange, lange da liegt. Und seid ganz still, und spürt die Festigkeit und die Kraft des Steines, und zeigt mir die Form, die euer Stein haben soll... Und bleibt noch ein wenig liegen, wenn ich weiterspreche. Wenn die Steine aneinandergerieben werden, dann entsteht feiner Sand und Erde, und bis ein Stein eurer Größe zu Erde geworden ist, vergeht viel Zeit... Aus einem einzigen Stein entstehen Millionen von kleinen Teilchen. Jetzt möchte ich, daß ihr alle zusammen ein Teelöffel Sand seid. Legt euch alle dicht zusammen, und macht euch ganz klein, und zeigt mir, welche Form jedes Sandkörnchen haben soll...

Viele Dinge brauchen die Erde, um Halt darin zu finden und um ihre Wurzel hineinzusenken. Könnt ihr mir zeigen, wie frisches grünes Moos die Würzelchen in die Erde steckt? Liegt ganz flach auf dem Boden, und stellt euch vor, daß ihr Finger und Zehen in die Erde senkt...

So viele andere Pflanzen senken ihre Wurzeln in die Erde. Seid ein Grashalm, und zeigt mir, wie ihr aus der Erde herauskommt, und wachst noch ein wenig, und stellt euch hin und bleibt durch eure Wurzeln gut mit der Erde verbunden. Stellt euch vor, daß ihr mit euren Wurzeln Wasser und Nährstoffe aufnehmt, so daß die Wurzeln euch auch Halt geben, daß der Wind euch nicht aus der Erde wegreißen kann...

Nun kommt immer zu viert zusammen, und seid gemeinsam ein Rosenbusch. Zeigt mir, wie ihr gemeinsam dicke Wurzeln habt, die euch guten Halt geben und wie ihr euch oben über der Erde schön verzweigt...

Nun stellt euch wieder für euch selbst hin, und seid ein Baum. Und zeigt mir, wie euer Stamm sicher aus der Erde herausragt, gehalten von vielen, vielen großen und kleinen Wurzeln...

Aber nicht nur Pflanzen finden in der Erde Halt, alles was wir bauen, braucht ein Fundament. Kommt zu zweit zusammen, und seid ein Brückenpfeiler. Zeigt mir, wie ihr fest in der Erde steht und über euch die Brücke haltet...

Nicht nur auf der Erde gibt es Interessantes zu sehen: In der Erde gibt es eine Menge Leben. Stellt euch vor, ihr seid ein Regenwurm, der in der Erde lebt und die Erde locker macht, der alte Pflanzenteile verspeist und fruchtbare Erde wieder ausscheidet. Könnt ihr mir zeigen, wie ein Regenwurm durch die Erde wandert?...

Und manche Tiere bauen Tunnel in die Erde. Seid ein Maulwurf, der in seinen Gängen unter der Erde lebt und dann an vielen Stellen die Erde oben zu kleinen Haufen auftürmt. Zeigt mir, wie ein Maulwurf durch seine Gänge läuft...

Manche Tiere bauen richtig große Tunnel, z.B. der Fuchs. Kommt zusammen, und baut einen Tunnel, indem sich zwei Reihen von Kindern gegenüberstellen und oben die Hände zusammenlegen. Stellt euch dicht an dicht, dann können ein paar Füchse hindurchlaufen. In den Gängen sind die kleinen Füchse sicher vor all ihren Feinden. Und in der Mitte gibt es die kleine Höhle, wo die kleinen Füchse schlafen können...

In den Bergen gibt es manchmal Höhlen, dic von anderen Tieren benutzt werden. Kommt immer zu sechst zusammen. Fünf Kinder können eine Höhle bilden. Zeigt mir, wie eure Höhle aussieht, in der das sechste Kind seinen Winterschlaf halten kann als kleiner brauner Bär...

Stellt euch vor, daß ihr am Meer seid und auf den Dünen spielt, auf schönen großen Dünen mit Strandhafer bepflanzt und mit weißem sauberen Sand. Zeigt mir, wie ihr auf eine Düne klettert...

Weiter unten am Wasser ist der Strand, und der Sand dort ist feucht und mit kleinen Steinen und Muscheln besät. Zeigt mir, wie ihr neugierig und vergnügt über den Strand lauft...

Ganz anders fühlt es sich an, wenn ihr über den Waldboden geht. Stellt euch vor, daß ihr mitten im Wald seid, wo viele, viele Tannennadeln und Moos auf dem Boden sind, so daß ihr das Gefühl habt, auf einem dicken weichen Teppich zu gehen. Zeigt mir, wie ihr über den Waldboden geht... Auf dem Waldboden kann man schöne Sprünge machen. Zeigt mir, wie ihr hoch in die Luft springt und weich auf dem Boden landet, wie ihr wieder hochspringt und wieder ganz weich landet...

Aber ganz vorsichtig müßt ihr sein, wenn ihr auf einen Felsen klettert. Zeigt mir, wie ihr euch bewegt, wenn ihr in den Bergen über die Felsbrocken klettert...

Und zum Schluß könnt ihr etwas machen, was nur ein Taucher fertigbringt. Stellt euch vor, daß ihr in einem Taucheranzug seid in schweren Taucherstiefeln und auf dem Kopf eine Taucherglocke. Ihr geht auf dem Meeresboden herum und untersucht ein gesunkenes Schiff, das dort liegt. Ihr könnt euch nur ganz langsam bewegen, weil eure Ausrüstung so schwer ist. Aber dafür seht ihr Dinge, die man sonst nicht sehen kann. Zeigt mir, wie ihr euch auf dem Boden des Meeres bewegt...

## Auswertung

✤ Wie hat sich der Sand gebildet?
✤ Wie bildet sich Waldboden?
✤ Wie bildet sich Komposterde?
✤ Welche Erde haben Kartoffeln gern?
✤ Welche Erde mag der Weizen?
✤ Welche Erde mögen Weinreben?
✤ Welche Nährstoffe holen sich die Pflanzen aus der Erde?
✤ Was finden wir, wenn wir ein tiefes Loch in die Erde bohren? Welche Erdschichten treffen wir?
✤ Welche Schätze kann man in der Erde finden?
✤ An welchen Teilen der Erde kann man Erdöl finden?
✤ Wie hat sich die Kohle gebildet?
✤ Woraus besteht der Kern unserer Erde?
✤ Wie ist unsere Erde entstanden?
✤ Woraus bestehen Mond und Sterne?
✤ Welche Dinge vergiften die Erde?
✤ Worauf müssen wir achten, um die Erde sauber zu erhalten?

# 47
# Die Erde und die Samen

## Ziele

Größere Kinder können durch einen imaginären Dialog all das zusammenbringen, was sie über das Wachsen einer Pflanze bisher in Erfahrung gebracht haben. (Alter: ab 10 J.)

## Anleitung

Ich habe euch heute einen Topf mit Blumenerde mitgebracht und ein paar Sonnenblumenkerne. Ein Kind kann gleich die Sonnenblumenkerne in die Erde stecken und etwas Wasser darauf gießen... Ihr könnt euch vorstellen, daß das eine neue Situation ist für die Blumenerde und für die Sonnenblumenkerne, und daß es eine Unterhaltung gibt zwischen beiden. Und schreibt bitte diese Unterhaltung auf, die ein Sonnenblumenkern mit der Erde führen kann, wenn er langsam wächst, einen Keim bildet und kleine Würzelchen. Und für die Erde ist es wahrscheinlich viel interessanter, wenn in ihr eine Sonnenblume heranwächst, als wenn sie ganz allein in dem Topf ist. Schreibt die Unterhaltung auf, die im Laufe der Zeit zwischen den beiden stattfinden kann und entscheidet, bis zu welchem Zeitpunkt ihr sie fortführen wollt. Ihr habt eine viertel Stunde Zeit dafür...

## Auswertung

- Wie kommen die Samen in der Natur in die Erde?
- Was passiert mit den Samen, die nicht tief genug kommen?
- Wann beginnen die Samen zu wachsen?
- Was brauchen die Samen von der Erde?

- ✤ Hast du schon einmal irgendeinen Kern in der Erde wachsen lassen oder etwas ausgesät?
- ✤ Wie werden die Samen in der Natur verteilt?
- ✤ Welche Pflanzen wachsen am schnellsten?
- ✤ Welche Pflanzen wachsen langsam?
- ✤ Kann man am Geschmack erkennen, ob Gemüse im Gewächshaus oder in der freien Natur angebaut wurde?
- ✤ Welche Samen dienen uns als Nahrungsmittel?

# 48 Denken wie ein Berg

## Ziele

In vielen Kulturen gelten die Berge als Wohnort der Götter, und sie sind Zonen der reinen Natur, wo sich der Mensch mit Respekt und zurückhaltend bewegen muß. Im Zeitalter des Tourismus sind die Berge längst aus ihrer Ruhe aufgeschreckt und Vegetation und Tierwelt sind bedroht.

Ältere Kinder können versuchen, an die Tradition der Zurückhaltung der Natur gegenüber anzuknüpfen. Sie können versuchen, Handlungsweisen und Verhalten der Menschen aus der Perspektive der Berge zu kommentieren und auch zu kritisieren. (Alter: ab 12 J.)

## Anleitung

Vielen Völkern sind ihre Berge heilig. Wer selbst schon einmal zu Fuß auf einen hohen Berg gestiegen ist, hat sicher bemerkt, daß manches von da oben anders aussieht. Hoch oben auf den Bergen fühlen wir uns manchmal etwas bescheidener. Wir fangen an, anders über die Welt nachzudenken. Die Menschen, die am Fuße der Berge wohnen, haben auch ein besonderes Verhältnis zu den Bergen. Sie wissen, daß sie vorsichtig sein müssen, daß von den Bergen manchmal Lawinen herabstürzen, daß große Felsbrocken herabrollen können, und daß sich die Berge auch im Sommer plötzlich in Nebel oder in Schnee einhüllen können. Die Menschen am Fuße der Berge wissen einfach, daß die Berge in manchen Dingen stärker sind als sie selbst. Und vulkanische Berge können sogar sprechen. Manchmal hören wir in ihnen so etwas wie Donnergrollen, sie senden Rauchsignale, und manchmal spucken sie Feuer und Lava.

Stellt euch vor, was die Gedanken eines Berges sein können, der schon so lange auf der Erde steht, so viele Millionen Jahre. Er ist in einer Zeit entstanden, als es noch keine Tiere und Menschen auf der Erde gab. Stellt euch einen Berg vor, der so viel schon erlebt hat. Was sind seine Gedanken heute? Was denkt er über die Menschen, dic unten im Tal leben, was denkt er über die Leute, die ihn besteigen wollen, was denkt er über die Leute, die als Touristen nur eine kurze Weile ins Gebirge kommen? Vielleicht hat der Berg für vieles Verständnis, vielleicht ärgert ihn auch einiges. Ihr könnt 20 Minuten versuchen, die Stimme des Berges zu hören und die Gedanken des Berges aufzuschreiben. Schreibt diese Gedanken in der Ich-Form auf, und laßt den Berg auch mitteilen, wo er steht und was der Anlaß für diese Gedanken ist...

## Auswertung

- ✤ Auf welchem hohen Berg bin ich selbst schon einmal gewesen?
- ✤ Was habe ich dabei empfunden?
- ✤ Was würde ein Mensch tun, der die Berge liebt?
- ✤ Welche Gefahren drohen den Bergen und der Natur durch den Skibetrieb?
- ✤ Welche Gefahren drohen der Natur durch den Tourismus?

- Wo auf der Erde gibt es noch unberührte Natur - Wildnis?
- Was kann der Mensch von der Wildnis lernen?
- Wie zeigt die Natur dem Menschen seine Grenzen?
- Mit welchen Konsequenzen müssen wir rechnen, wenn wir immer und überall in die Natur eingreifen?
- Braucht die Natur den Menschen?

*Bücher und Kassetten*
*bei* ***iskopress***

## Kinder und Jugendliche

Vopel: ***Kinder ohne Stress.*** *Imaginative Spiele für Kinder zwischen 3 und 12*, Teil 1 bis 5 (1) ***Bewegung im Schneckentempo*** (2) ***Im Wunderland der Phantasie*** (3) ***Reise mit dem Atem*** (4) ***Zauberhände*** (5) ***Ausflüge im Lotussitz***

Brett: ***Anna zähmt die Monster.*** *Therapeutische Geschichten für Kinder*

*Vopel:* ***Der fliegende Teppich.*** *Leichter lernen durch Entspannung Teil 1 u. 2* Teil 1 für 6- bis 12jährige, Teil 2 für Jugendliche ab 13 Jahren

Vopel: ***Kommunikation im 1. Schuljahr.*** *Interaktionsspiele für Schulanfänger,* Teil 1 und 2

Rabe: ***Karawane meiner Träume.*** *Schreibexperimente für Kinder*

Wal: ***Eine Kiste voller Bilder.*** *Malexperimente für Kinder*

Liedhegener: ***Robi und Christine.*** *Phantasiegeschichten für Kinder und ihre Eltern*

Vopel: ***Interaktionsspiele für Kinder,*** Teil 1 – 4 (1) Kontakt, Wahrnehmung, Identität (2) Gefühle, Familie und Freunde (3) Kommunikation, Körper, Vertrauen (4) Schule, Feedback, Einfluß, Kooperation

Vopel: ***Kinderparty und Geburtstag.*** *Kreative Spiele für Kinder zwischen 6 und 14 Jahren*

Ehrlich/Vopel: ***Wege des Staunens.*** *Übungen für die rechte Hemisphäre*, Teil 1 bis 4 (1) Kreatives Schreiben (2) Malen und Formen (3) Phantasiereisen (4) Probleme lösen

Alex/Vopel: ***Lehre mich nicht, laß mich lernen.*** Interaktionsspiele für Kinder und Jugendliche Teil 1 – 4.
(1) Älter werden, Ängste und Befürchtungen, Anerkennung und Nähe, Autoritäten und Vorschriften, Fehler und Erfolge, Freude und Trauer, Freunde gewinnen (2) Gefühle, Geld, Gesundheit und Drogen, irrationale Annahmen, Jungen und Mädchen, Krisen, Lernen (3) Liebe und Sinnlichkeit, Mut, Natur, Selbstkonzept, Streß, Träume (4) Umwelt, Verhaltensprobleme, Wünsche und Werte, Wut und Ärger, Zeiteinteilung

Vopel: ***Interaktionsspiele für Jugendliche,*** Teil 1 – 4
(1) Werte / Ziele und Interessen / Schule und Lernen / Arbeit und Freizeit (2) Körper / Identität / Fähigkeiten und Stärken (3) Ablösung aus der Kindheitsfamilie / Liebe und Freundschaft / Sexualität (4) Lebensplanung / Probleme lösen / Kooperation

Vopel/Wilde: ***Glaube und Selbsterfahrung im Vaterunser.***
*Ein Kurs für lebendiges Lernen im kirchlichen Unterricht*

Vopel: ***Nicht vom Brot allein.***
*Affektive Strategien zur Werteklärung für Kinder und Jugendliche*

## GRUPPENLEITER

Vopel: ***Die 10-Minuten-Pause.*** *Mini-Trancen gegen Streß*

Vopel: ***Höher als die Berge, tiefer als das Meer.***
*Phantasiereisen für Neugierige*

Vopel: ***Lernstrategien und Experimente für Beratung, Training und Therapie,*** Teil 1 bis 3. (1) ***Sich mitteilen lernen*** (2) ***Sich gesund erhalten*** (3) ***Enge persönliche Beziehungen gestalten lernen***

Vopel: ***Interaktionsspiele,*** Teil 1 – 6.
Akzeptierung und Angstabbau in der Anfangsphase / Wahrnehmen und Kommunizieren / Aktivierung bei Müdigkeit und Unlust / Entwicklung von Vertrauen und Offenheit / Beziehungsklärung und Feedback / Umgang mit Einfluß, Macht und Konkurrenz / Konsensus und Kooperation

Vopel: ***Handbuch für Gruppenleiter.***
*Zur Theorie und Praxis der Interaktionsspiele*

Klippstein: ***Die goldene Pause.*** *Streßprävention für Lehrende* (Audiokassette)

Vopel: ***Metaphorische Aktionen.*** *Ungewöhnliche Wege zur Gruppenkohäsion*

Vopel: ***Anfangsphase,*** Teil 1 und 2
(1) Namen / Kontakte / Werte (2) Selbstbild / Biographisches / Ziele

Vopel: ***Anwärmspiele.*** *Experimente für Lern- und Arbeitsgruppen*

Vopel: ***Störungen, Blockaden, Krisen.***
*Experimente für Lern- und Arbeitsgruppen*

Vopel: ***Materialien für Gruppenleiter,*** Teil 1 – 8
(1) ***Diagnose der Gruppensituation*** (2) ***Gestaltung der Schlußphase***
(3) ***Kommunikationsregeln in Gruppen***
(4) ***Umgang mit Konflikten*** (5) ***Teamentwicklung***
(6) ***Briefe als Lernstrategie*** (7) ***Ziele*** (8) ***Lernen***

Klippstein (Hg): ***Zwischenspiele.*** *Vorlesetexte für kreative Pausen* (ab 12)

## Psychologische Wegweiser

Halpern: ***Festhalten oder Loslassen.*** *Wie Eltern zu ihren erwachsenen Kindern eine bessere Beziehung herstellen können*

Halpern: ***Abschied von den Eltern.*** *Eine Anleitung für Erwachsene, die Beziehung zu den Eltern zu normalisieren*

Halpern: ***Liebe und Abhängigkeit.*** *Wie wir übergroße Abhängigkeit in einer Beziehung beenden können*

Vopel/Vopel: ***Ich und Du.*** *Ein Kommunikationstraining für Partner*

Damm: ***Zu neuen Ufern.*** *Trennung und Scheidung bewältigen* (Audiokassette mit Begleitbuch)

Klippstein: ***Ich habe mich.*** *Allein sein können* (Audiokassette mit Begleitbuch)

May: ***Der sanfte Weg.*** *Ein Meditationshandbuch*

Keleman: ***Lebe dein Sterben***

Koch: ***Schatten auf der Sonnenuhr.*** *Eine Vorbereitung auf das Sterben* (Audiokassette mit Begleitbuch)

Klippstein: ***Mein Körper ist klüger 1 + 2:*** *1. Jacobson-Training; 2. Vegetative Entspannung* (Je 5 Audiokassetten mit Begleitbuch)

von der Werth: ***Atemlust.*** *Richtig atmen löst Probleme* (Audiokassette mit Begleitbuch)

Steppacher-Ray: ***Lieber leichter, fit und frisch!*** *Psychologische Appetitzügler* (Audiokassette mit Begleitbuch)

Ruck: ***Mein Körper – mein Haus.*** *Operationsschmerzen lindern* (Audiokassette mit Begleitbuch)

Klippstein: ***Stop!*** *Spannungs-Kopfschmerzen lösen* (Audiokassette mit Begleitbuch)

Strässer-Strobel: ***Zaubermantel.*** *Neurodermitis lindern* (Audiokassette mit Begleitbuch)